我国战略环境评价的有效性研究

李天威 王会芝 徐 鹤 著

中国环境出版社·北京

图书在版编目（CIP）数据

我国战略环境评价的有效性研究/李天威，王会芝，徐鹤
著. —北京：中国环境出版社，2017.2
ISBN 978-7-5111-2997-0

Ⅰ．①我…　Ⅱ．①李…②王…③徐…　Ⅲ．①战略环境
评价—研究—中国　Ⅳ．①X821.2

中国版本图书馆 CIP 数据核字（2016）第 311519 号

出 版 人	王新程	
责任编辑	黄晓燕　李兰兰	
责任校对	尹　芳	
封面设计	宋　瑞	

更多信息，请关注
中国环境出版社
第一分社

出版发行　中国环境出版社
　　　　　（100062　北京市东城区广渠门内大街 16 号）
　　　　　网　　　址：http://www.cesp.com.cn
　　　　　电子邮箱：bjgl@cesp.com.cn
　　　　　联系电话：010-67112765（编辑管理部）
　　　　　　　　　　010-67112735（第一分社）
　　　　　发行热线：010-67125803，010-67113405（传真）
印　　刷　北京中科印刷有限公司
经　　销　各地新华书店
版　　次　2017 年 2 月第 1 版
印　　次　2017 年 2 月第 1 次印刷
开　　本　787×960　1/16
印　　张　13.75
字　　数　200 千字
定　　价　36.00 元

前　言

2003 年 9 月 1 日起实施的《中华人民共和国环境影响评价法》（以下简称《环评法》），既是我国环境立法的重大进展，也是环境影响评价制度发展的里程碑。《环评法》以法律的形式正式确立了规划环境影响评价制度，开启了我国环境影响评价制度的新阶段，标志着我国的战略环境评价正式起航。战略环境评价作为一项从决策源头预防环境污染和生态破坏的制度，是推进生态文明建设的重要手段，在协调经济发展与环境保护方面有着重要的作用。十多年来，我国战略环境评价工作制度建设有突破，试点探索重实效，重点领域上水平，取得了重要的进展，发挥出从决策源头防治环境污染和生态破坏、推动环境保护优化经济增长的重要作用。

但是，从参与综合决策有效性的角度，战略环境评价工作还存在一定的不足。战略环境评价作为一种现代的环境管理工具，其自身制度有效性、实施效果以及有效性影响因素等问题，在一定程度上决定着战略环境评价发展的前景与方向。战略环境评价的有效性自提出以来一直是我国环境影响评价领域研究的薄弱环节，自 20 世纪 90 年代开始，国际上已经重视战略环境评价的有效性研究，但以"质量、程序"为核心的研究重点忽略了战略环境评价的功能和效果等作用。由于战略环境评价有效性评估的研究至今没有形成比较清晰的研究框架，使得战略环境评价对于国家或社会规划决策的实践导向作用受到一定程度的限制。

为提高战略环境评价的有效性，探究其对决策的作用，亟须对我国战略环境评价制度进行系统的分析，探究我国战略环境评价的实施现状和发展"瓶颈"，识别影响其有效实施的关键因素，提高战略环境评价系统的功效，探寻战略环境评价如何更好地在决策中发挥作用。

本书首先对我国战略环境评价的制度管理体系、区域性战略环评、重点领域规划环评、基础能力建设等方面的实践进展进行了全面的回顾；其次，从战略环境评价有效性的内涵和功能剖析入手，构建了战略环境评价的一般研究框架，并按这一框架，对我国战略环境评价的有效性进行了剖析和问题诊断；再次，以有效性影响因素为出发点，在已有的单一学科研究成果的基础上，采取问卷调查法、因子分析法、多元回归法等方法，探讨影响战略环境评价有效性的因素以及不同因素间的影响机理；最后，在此基础上构建了我国战略环境评价有效性评估的整合框架模型，通过层次分析法、群组决策法、模糊综合评价法等定量研究方法进行了实证检验。从实践角度看，本书在战略环境评价运行有效性评价结果的基础上，通过改进战略环境评价运行体系和管理机制等措施，对战略环境评价的优化路径提出了可操作性的政策建议，提出了强化战略环境评价有效性的策略保障，从而在决策制定过程中更有效地开展环境影响评价，实现决策的可持续发展。

本书在编写过程中参考了很多相关领域的著作和文献，引用了国内外许多专家和学者的成果以及图表资料，谨此向有关作者致以谢忱。赵立腾、白宏涛等同志作了大量的资料收集等基础性工作。中国环境出版社第一分社社长黄晓燕和编辑李兰兰也为本书的出版作了大量努力，在此一并感谢。

限于作者的知识修养和学术水平，本书尚存在一些不足和疏漏之处，恳请得到专家、学者以及广大读者的批评和指正。

目　录

第 1 章
概　述

1.1　基本概念

1.1.1　环境影响评价（EIA）

环境影响评价（Environmental Impact Assessment，EIA）一般指对拟议中的开发建设活动可能对环境产生的影响进行的系统性分析、预测和评估，提出预防或者减轻不良环境影响的对策措施。环境影响评价的根本目的是鼓励在决策中考虑环境因素，最终达到更具环境相容性的人类活动[1-3]。由于实施环境影响评价制度的国家和地区在政治制度、行政体制等方面存在差异，环境影响评价在不同国家和地区具有不同的称谓。按照我国历史沿革，环境影响评价一般作为环境影响评价体系的统称。广义环境影响评价体系是一个不断发展的体系，是由建设项目环境影响评价、区域开发环境影响评价、战略环境评价、环境风险评价、社会影响评价、累积影响评价、生命周期评价以及综合影响评价等不同的评价种类组成[4]，狭义环境影响评价体系包括建设项目环境影响评价和战略环境评价。我国的环境影响评价主要是狭义范围内的，本书所涉及的环境影响评价也是针对狭义概念的研究。

1.1.2　战略环境评价（SEA）

战略环境评价（Strategic Environmental Assessment，SEA），是环境影响评价在战略层次上的应用，它是对一项战略，如政策（Policy）、规划（Plan）和计划（Program），以及其替代方案的环境影响进行正式、系统和综合的评价过程。战略环境评价通过对战略可能产生的环境影响进行分析评价，提出预防和减缓不良环境影响的措施，并提出相应的环境保护对策及战略调整建议，其目的是从决策源头控制环境问题的发生，促进社会经济环境的可持续发展[5]。

由于"战略"在时空范围内的具体化和细化具有相对性。这也就决定了战略环境评价具有层次性。国际上普遍认同的战略环境评价的三个层次的划分较为明晰，且不同战略如政策、计划、规划具有相对确定的内涵和外延（图 1.1）。国内学者比较认同的战略环境评价的四个层次分别是：政策（包括国家和地方政策）、法律（包括国家和地方制定法律法规，以及行政法规、政府规章、部门规章等）、规划和计划。近年来，有学者提出不同层面的规划，其适用的评价方法体系应有一定区别。较高层次的规划，宏观性较强，主要是对发展战略的阐述，其环境影响的性质更接近于政策环境评价。而那些较低层次的规划，主要是具体行动方案的规定，其环境影响更类似于计划环境评价。在我国，"规划"和"计划"没有明确的界限，一般而言，"规划"倾向于全面的、长远的部署和布局安排，"计划"则强调在一定时期的具体行动安排。我国的正式文件中对于"计划"一词在计划经济体制下使用较为频繁，如"第一个五年计划"到"第九个五年计划"，随着市场经济以及法治理念的不断深入，"计划"一词逐渐被"规划"所取代。如"十五"规划到"十二五"规划。因此，单从字面和概念上区别这两个词很困难，现在较为公认的办法是将"规划"和"计划"方面的环境影响评价统称为规划环境影响评价。由于《中华人民共和国环境影响评价法》（以下简称《环评法》）要求对规划层面开展环境影响评价，因此，我国当前法定的战略环境评价几乎主要集中在"规划"层次。

1.1.3 规划环境影响评价

规划环境影响评价（Plan/Program Environmental Impact Assessment，PEIA）指在规划编制阶段，对规划实施后可能造成的环境影响进行分析、预测和评价，提出预防或者减轻不良环境影响的对策和措施的过程[6]。

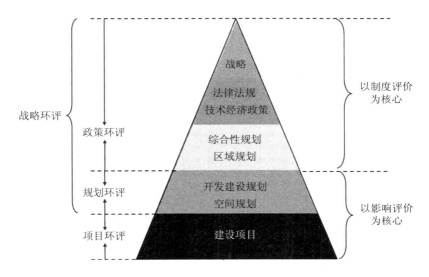

图 1.1　战略环境评价的层次图

2003 年 9 月 1 日《环评法》的实施，正式确立了我国规划层次环境影响评价的法律地位。根据《环评法》的规定，需要开展环境影响评价的规划主要是土地利用的有关规划，区域、流域、海域开发建设、利用规划，以及工业、农业、畜牧业、林业、能源、水利、交通、城建、旅游、自然资源开发（简称"一地、三域、十个专项"）等。因此，我国的规划环境影响评价是在政策法规制定之后，项目实施之前，对有关开发建设规划进行系统、科学评价的过程和工作。具体来说，内容涉及需要开展环境影响评价的规划主要包括以下两类：

（1）综合性规划。包含土地利用的有关规划，区域、流域、海域的建设、开发利用规划以及专项规划中的指导性规划，即为那些主要提出指导性的、预测性的、参考性指标的专项规划。综合性规划需要编写规划实施后有关的环境影响的篇章或者说明。一般可以理解为对于一些比较重要、实施后对环境影响比较大的规划，采用"篇章"的形式；对于一些重要性较弱、实施后对环境影响相对较小的规划，可以采用"说明"或者"专项说明"的形式。

（2）专项规划。一般指规划的范围或者领域相对较窄，内容比较专门的规划，包括工业、农业、畜牧业、林业、能源、水利、交通、城市建设、旅游、自然资源开发的有关专项规划。专项规划一般分为指导性专项规划和非指导性专项规划。对于专项规划中指导性规划，需要编写规划实施后的环境影响的篇章或者说明；对专项规划中的非指导性规划，需要编写环境影响报告书。

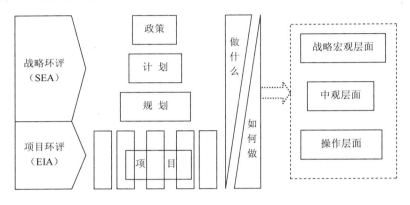

图 1.2　环境影响评价层次划分

1.2　我国战略环境评价的进展

2003 年 9 月 1 日起实施的《环评法》，既是我国环境立法的重大进展，更是环境影响评价制度的里程碑。《环评法》以法律的形式正式确立了规划环境影响评价制度，开启了环境影响评价制度的新阶段，也标志着我国的战略环境评价正式起航。十多年来，我国战略环境评价工作制度建设有突破，试点探索有实效，重点领域有水平，宣传动员有声势，取得了重要的进展。

1.2.1　制度管理体系基本建立

2009 年 8 月 17 日，国务院公布了《规划环境影响评价条例》（以下简称《条例》），并于 10 月 1 日起正式实施。《条例》自 2006 年开始起草，历经三年多的沟通和协调。《条例》的正式实施，是我国环境立法的重大进展，标志着环境保护参与综合决策进入了新的阶段。《条例》针对《环评法》审查主体不够明确，审查程序不够具体等影响规划环评开展和效力的不足着力进行细化和规范，取得了一系列重要突破。《条例》明确了规划环评"客观、公开、公正"的三原则；强化了对整体生态影响、长远环境健康影响、经济社会环境均衡发展等方面内容的评价；细化了规划环评的责任主体、环评文件的编制主体及编制方式、公众参与、实施程序；明确了专项规划环评的审查主体、程序和效力；确立了"区域限批"等责任追究和约束性制度。《条例》进一步明确了要求，规范了程序，落实了权责，增强了规划环评制度的可操作性和实用性，有利于促进规划环评的开展，发挥从决策源头预防和控制不良环境影响的重要作用，促进资源节约型、环境友好型社会建设。

《环评法》实施以来，原国家环保总局制定了《规划环境影响评价技术导则（试行）》（HJ/T 130—2003），经国务院批准发布了《编制环境影响报告书的规划的具体范围（试行）》和《编制环境影响篇章或说明的规划的具体范围（试行）》（环发〔2004〕98 号），制定了《专项规划环境影响报告书审查办法》（国家环保总局令第 18 号），下发了《关于进一步做好规划环境影响评价工作的通知》（环办〔2006〕109 号）、《关于进一步规范专项规划环境影响报告书审查工作的通知》（环办〔2007〕140 号）、《关于加强煤炭矿区总体规划和煤矿建设项目环境影响评价工作的通知》（环办〔2006〕129 号）等规范性文件。《条例》出台后，环境保护部相继印发了《关于学习贯彻〈规划环境影响评价条例〉加强规划环境影响评价评价工作的通知》（环发〔2009〕96 号）、《关于进一步加强港口总体规划环境影响评价工作的通知》（环办〔2010〕38 号）、《关于加强产业园区规划环境影响评价有关工作的通知》（环发〔2011〕14 号）、《关于做好"十二五"时期规划环境影响评价工作的通知》（环发〔2011〕43 号）。

同时，环保部门与发改、交通、农业、水利等有关部门协调机制不断完善。与国家发展和改革委员会联合下发了《关于进一步加强规划环境影响评价工作的通知》（环发〔2011〕99 号）、《关于印发〈河流水电规划报告及规划环境影响报告书审查暂行办法〉的通知》（发改能源〔2011〕2242 号），与交通运输部联合下发了《关于进一步加强公路水路交通运输规划环境影响评价工作的通知》（环发〔2012〕

49 号），与农业部联合下发了《关于进一步加强水生生物资源保护 严格环境影响评价管理的通知》（环发〔2013〕86 号）、与水利部联合下发《关于进一步加强水利规划环境影响评价工作的通知》（环发〔2014〕43 号）。各个地方也不断完善各项相关管理制度。"十一五"期间，上海、江苏等 14 个省（区、市），大连等 9 个城市分别以地方行政规章、政府文件的形式发布了规划环境影响评价管理的专门规定。"一法一条例"，即《环评法》和《条例》，以及国家和地方陆续出台的配套规章文件，基本建立了规划环境影响评价制度体系，对规范和促进战略环境评价工作将发挥长期的重要作用。

1.2.2 区域性战略环境评价实现突破

五大区域重点产业发展战略环境评价开创了我国区域性战略环境评价的先河，是探索我国环保新道路的成功实践。针对我国部分地方重化工无序发展暴露出的产业空间布局与生态安全格局、结构规模与资源环境承载之间的两大突出矛盾，自 2008 年起组织 15 个省（区、市）环保等相关部门和近 100 家科研单位开展了对环渤海沿海地区、海峡西岸经济区、北部湾经济区沿海、成渝经济区和黄河中上游能源化工区等（以下简称"五大区域"）重点产业发展战略环境评价试点工作。五大区域在经济发展和环境保护上的地位重要，以战略环境评价为手段促进区域重化工业与生态环境保护协调发展具有示范意义。五大区域战略环评在全面分析资源环境禀赋和承载能力的基础上，系统评估了重点产业发展可能带来的中长期环境影响和生态风险，提出了重点产业优化发展调控建议和环境保护战略对策，研究了在决策阶段和宏观布局层面预防布局性环境风险、确保区域生态环境安全的新思路和新机制。开展地域范围如此之大、行业覆盖如此之广的区域性战略环评在我国尚属首次，开辟了战略环评的新领域，积累了战略环评组织、管理和协调经验，推进了大尺度战略环境评价理论和技术方法进步，为区域战略环评积累了宝贵的经验。2010 年 12 月 14 日，环保部常务会议认为五大区战略环境评价是多学科的集成成果，是带有"教科书性质的环保力作"。根据五大区域战略环评成果制定的五个区域重点产业与生态环境协调发展的指导意见业已下发相关省市，成为国家"十二五"宏观决策的重要参谋，为重点区域、重点行业生产力布局提供支撑，为重大开发建设环境准入提供科学依据。五大区域重点产业发展战略环境评价出版了系列专著，其研究成果获得了2013 年环境保护科技进步一等奖。

在五大区域重点产业发展战略环境评价工作之后，环境保护部于2011—2012 年组织完成了西部大开发重点区域和行业发展战略环境评价，2013 年启动了中部地区发展战略环境评价，并于 2015 年启动了京津冀、长三角和珠三角地区战略环境评价。这一系列大区域战略环境评价也在探索构建面向全国尺度的、基于自然生态系统、流域和经济地理单元的国土空间开发资源环境承载力动态监测预警平台。五大区域战略环评等系列区域性战略环境评价是我国特色的战略环境评价形势，拓展了环境保护参与综合决策的深度和广度，构建了从源头防范布局性环境风险的重要平台，探索了破解区域资源环境约束的有效途径，是探索中国环保新道路的成功实践。由于社会经济发展阶段、制度设计的不同，国外没有开展过大区域尺度、综合性的战略环境评价，产业发展环境评价研究通常侧重于某一具体行业，对于不确定性更高的大区域范围内经济与产业发展的综合环境影响研究几乎是空白。2010 年 4 月，环境保护部、世界银行、清华大学和香港中文大学在国际影响评价协会（IAIA）年会期间联合举办了"中国日"研讨会，全面介绍了五大区域战略环境评价的理论框架和实践经验，共有 150 多名中外专家参加。与会外方学者对五大区域战略环境评价所取得的成果给予了高度评价，认为是全球首次开展的大区域尺度战略环境评价（Super-SEA），在关键技术方法上做出了重大创新，为世界战略环评和影响评价领域提供了一套全新的、行之有效的战略环境评价体系，也为世界上其他相似环境区域的国家或地区提供了可供借鉴的宝贵经验。

1.2.3 重点领域规划环评取得实效

（1）通过试点带动扭转规划环评被动局面。由于《环评法》相关规定过于原则、规划环评作用尚未引起重视、环保部门缺乏推动和监督必要手段等原因，规划环评工作整体进展缓慢。为扭转被动局面，从 2005 年 8 月起国家环保总局相继开展了内蒙古、大连、武汉等 10 个典型行政区，石化、铝业、铁路 3 个重点行业，宁东能源化工基地等 10 个重要专项规划等一系列规划环评试点。通过试点，"积累经验，典型引路"，激发了各级环保部门推动规划环评工作的积极性和主动性。内蒙古自治区继"十一五"规划纲要战略环评试点完成后，主动开展了盟市发展战略、重点行业等规划环评工作，包头市、鄂尔多斯市、乌海市和巴彦淖尔市相继完成了"十一五"战略环评的审查。山东省以规划环评试点省为契机，积极推进重点行业和大企业"十一五"规划环评，先后完成电力工业"十一五"发展规划、造纸工业"十一五"发展规划以及 5 家企业集团造纸"十一五"发展规划的环评工作。辽宁省完成各类工业园区、城市总体规划、高速公路路网规划、电网发展规划等各类规划环评 200 余项；江苏省完成全部国家级、省级开发区规划环评工作；河南省完成 180 个产业集聚区的规划环评。

（2）试点带动不断提升规划环评的水平。试点开展过程中，各级环保部门及时总结经验与教训，实现全过程把关，确保了试点的实用性和示范性。规划环评试点项目以资源环境承载力作为生产要素的合理配置和有序使用的重要依据，促进了区域产业的合理布局和优化升级。大连市通过开展城市发展规划环评，针对岸线产业布局散乱、滨海生态破坏较为严重等问题，提出"集中布局，整合资源，推动石化产业集聚发展"方针，在"一岛十区"和其他专业工业园区集中开发，统筹规划港口资源开发利用。四川大渡河流域开发规划通过环评对水电开发布局进行重大调整，减少淹没耕地 2.8 万亩[1]，减少淹没县城 2 座，减少搬迁人口 8.5 万人，有效保护了珍稀濒危的动植物，维护了流域社会稳定和生态系统的健康。地方政府及有关部门逐步认识到规划环评优化经济发展的巨大作用。辽宁省通过开展营口沿海产业基地规划环评，推动布局优化和产业结构调整，在投资额年均递增 84.2% 的形势下，实现了近岸二类海域水质不变，环境空气质量不降低。江苏省制定并印发了《规划环境影响评价试点工作方案》，成立了省规划环评试点工作联席会议，协调各部门共同推进规划环评工作，相继

---

[1] 1 亩=1/15 hm^2。

推动了沿海发展规划、"十一五"高速公路网规划、农药发展规划、"十一五"铁路发展规划等一批重点规划环评工作。

（3）努力成为国家重点专项规划的决策参谋。以服务国家需求为己任，努力做好全局性、典型性重点规划的环评工作。汶川特大地震发生后，立即组织灾后重建规划环评工作。短短 1 个月内，集中 20 余家单位的技术力量攻关完成了《灾后恢复重建总体规划》《生产力布局和产业调整专项规划》等 7 项规划的环境影响评价工作，使生态环境承载能力成为确定灾区重建定位、布局、规模等的重要参考依据。紧密结合国家粮食安全重大战略的要求，在国家和地方两个层面组织开展粮食安全重大规划环评工作，完成《全国新增 1 000 亿斤粮食生产能力规划》的环境影响评价和环境保护专题报告，促进了粮食增产与环境保护相协调。推动开展了辽宁沿海经济带战略环评，从产业定位、区域布局、环境容量、环保基础设施等方面综合考虑，为沿海经济带在全国的定位和走势提供了良好的决策依据。推动开展了上海市杭州湾化工石化集中区区域环评，优化调整区域化工石化产业、城镇、高教园区等发展布局、结构和规模等措施建议，成为上海市政府区域发展综合决策的基本依据。同时，城市轨道交通、煤炭基地、港口、流域梯级水电开发、开发区等重点领域规划环评管理不断加强。"十一五"期间，环境保护部召集审查了 158 项重点领域规划环评，审查规划环评数量逐年递增。对重点城市总体规划着重加强目标定位、发展规模、空间布局、重点产业布局结构规模和环境污染综合防治等方面优化调整，服务城市发展科学决策。对轨道交通线网着重加强与当地资源环境和城市相关规划的协调性等方面严格把关，针对性地提出基于环境的规划优化调整建议和规划实施的指导性意见，推进基础设施投资建设又好又快发展。对沿海重点港口着重加强重要生态岸线和重点环境敏感区的保护，维护良好生境。对开发区规划着重促进产业结构升级改造、优化布局和发展规模，推进集聚集约发展。对煤炭矿区着重做好区域生态环境、自然保护区等环境敏感区域和地下水资源的保护，严格禁止或限制开发要求。

1.2.4 基础能力不断加强

（1）管理基础不断加强。国家环境保护总局于 2005 年 3 月成立了专职负责规划环境影响评价工作的职能处。省级及地市级环保部门普遍确定专人负责规划环评工作。"十一五"期间，为提升规划环评管理人员能力和水平，先后组织编辑出版了四辑《战略环境影响评价案例讲评》，开展了 10 期管理人员培训班和 2 期将生物多样性纳入规划环评培训，培训管理干部近千人。《条例》出台后，推动地方环保部门组织各类专题培训研讨班 50 多期，培训各级规划环评管理干部数千人次。

（2）技术支撑显著增强。正式发布了《规划环境影响评价技术导则 煤炭工业矿区总体规划》（HJ 463—2009）、《规划环境影响评价技术导则 总纲》（HJ 130—2014），组织城市总体规划、土地利用总体规划、石油化工基地规划、陆上油气田总体开发规划技术导则的编制工作。发布了《河流水电规划环境影响评价技术要点（试行）》（环办〔2012〕48 号）、《港口总体规划环境影响评价技术要点》（环发〔2012〕49 号）、《内河高等级航道建设规划环境影响评价技术要点》（环发〔2012〕49 号）和《城市快速轨道交通规划环境影响评价技术要点（试行）》（环办〔2012〕72 号）。"十一五"期间，环境保护部安排专项经费先后开展了 33 项前瞻性研究，夯实战略环境影响评价参与综合决策的理论和技术基础。战略环评研究和规划环评技术评估队伍基本建立，先后梳理推荐了四批共 317 家规划环评编制单位，推动规划环评技术服务能力提升，完善市场秩序，奠定队伍基础。

（3）国际合作更加深入。成功召开了"战略环评在中国"国际研讨会，与来自联合国开发计划署、联合国环境规划署、国际环境影响评价协会等国际机构，有关部委和地方政府的代表，斯坦福大学等科研单位的学者共同研究、分享战略环评的成功实践和经验。与德国技术合作公司（GTZ）联合组织了"战略环境影响评价立法及国际经验研讨会"，推进中德战略环评立法比较研究。参与大湄公河次区域战略环评研究项目，促进区域战略环评理论与方法交流。与中欧生物多样性项目合作，推动生物多样性评价在环评中发挥更大的作用。参与中美合作环境法律的制定、实施与执行"中国战略环境影响评价制度建设和能力提高子项目",丰富战略环评的理论和实践积累。加强与世界银行的交流与合作,参加 2009 年和 2011 年 IAIA 年会,在国际战略环评领域最前沿宣传我国规划环评成果和进展。参加第五届日韩环境影响评价研讨会和日本环境影响评价协会第九届年会,加强东亚地区技术交流与合作。

1.2.5 经验和问题

实践表明,战略环境评价历经短短数年已在许多地区、诸多领域取得了积极进展,发挥出从决策源头防治环境污染和生态破坏、推动环境保护优化经济增长等积极作用。归结起来,以下几个方面经验值得认真总结。

(1)必须坚持以服务综合决策为目标,提升科学决策水平。积极参与综合决策,为决策提供科学支撑是战略环评的出发点和立足点。环境问题究其本质是经济结构、生产方式、消费模式和发展道路问题,只有充分发挥战略环评从宏观战略层面切入解决环境问题的作用,着眼于经济社会与环境全面、协调、可持续发展,战略环评工作才能找准自身定位,不断焕发生机和活力。

(2)必须坚持以优化布局结构为抓手,推动发展方式转变。参与综合决策,从源头预防产业布局与生态安全格局冲突、解决结构规模与资源环境承载矛盾是战略环评的主要任务和目标。只有准确把握环境保护优化经济发展的突破口,将区域资源环境承载力作为生产要素的合理配置和有序使用的重要依据,大胆谋划"保红线,严标准,优布局,调结构,控规模"的思路和举措,促进区域产业合理布局,大力推动发展方式转变,战略环评才能切实发挥优化调整作用,不断开拓新的领域。

(3)必须坚持以完善体制机制为重点,凝聚共识推进合力。理顺战略环评相关体制机制,形成各部门齐抓共管的局面是重点和难点。只有不断加强与经济、规划等主管部门的沟通协调,积极争取各级政府的大力支持,就战略环评的编制、审查、实施程序等达成共识,深入到规划编制等重大战略决策体系中,实现环评与决策同步制定、全过程互动反馈，才能落实战略环评决策源头预防生态破坏和环境污染的作用。

（4）必须坚持以强化支撑能力为保障，夯实制度发展基础。加强科技支撑能力建设，提高战略环评的科学性是基础和保障。只有培育出一支政策理论水平和技术方法水平过硬的战略环评管理队伍和技术队伍，在参与综合决策方式上有所突破，在产业发展政策上深入研究，在生态环境战略性保护上拓展思路，在评价预测方法上不断创新，使决策优化调整建议更加科学可行，战略环评才能稳步前进，不断取得新的成绩。

从参与综合决策有效性的角度，战略环评工作还存在一定的不适应，表现在以下四个方面：

（1）机制不完善。在现有体制下，规划等重大决策机制不完善，规划等重大战略的编制、审批、实施和修编的随意性较大，战略环评提出的环境保护对策措施难以有效落实，从源头防范布局性环境问题的作用难以有效发挥。同时，长期以来各领域已经形成了规划等重大战略编制、审批、实施的一整套机制，开展战略环评客观上对原有规划等决策机制构成了外在约束，冲击了既有决策机制，而与编制、审批部门之间的合作机制尚未建立，影响了有效性。除此之外，规划环评的分类管理和分级审查、跟踪评价、与项目环评联动机制、公众参与等机制还不完善。

（2）进展不均衡。一些部门和地方对战略环评的要求和实施主体认识不清，积极性不高，造成工作进展不均衡。部分地区贯彻《条例》有方案，推进工作有机制，落实任务有重点。但也有部分地区既无宏观政策出台，又无具体措施推进，工作上悄无声息，宣传上不见动静，实践上没有特色，部分地区的开发区规划环评执行率不足50%，一些地方中小流域开发处于无序状态，重要产业基地建设没有依法开展规划环评。

（3）力量不匹配。随着战略环评管理任务日趋加重，战略环评管理和技术力量与日益增长的任务越来越不适应，有限的人力主要用于建设项目环评管理，难以更多地参与战略环评，有效性难以保证。省级环保部门一般只有一人专门负责规划环评，而要对应发改、工信、城建、交通、水利、能源、资源开发等十几个部门编制或批准的规划，沟通协调工作量加大、机构人员运行超负荷等现实困境越来越突出。

（4）支撑不到位。战略环评工作层次高、范围广、专业性强，对技术支持要求很高。而战略环评技术导则体系不完善，落后于工作需要，影响了环评工作水平；战略环评人才准备不足，知识更新滞后，影响了环评质量。同时，现有战略环评技术方法体系还不健全，评价对生态系统整体性影响、对环境和人群健康长期性影响的基础性研究缺乏，必需的数据库平台尚未构建，难以整合工作成果和各种数据资源，影响了环评的科学性。

1.3 战略环境评价有效性评估的意义

1.3.1 增长中的环境问题——经济社会发展的资源环境约束日益增强

改革开放 30 多年以来，我国大规模工业化和城市化走的是一条高投入、高排放、低产出的粗放式发展道路。由于人口基数大、人均资源少、重经济增长轻环境保护等原因，我国环境保护面临着资源约束、环境污染严重、生态系统退化的严峻形势。当前，我国经济发展面临的资源环境约束呈现出以下几个特点：①我国环境问题具有复合型、压缩型、结构型的特点。发达国家上百年工业化过程中分阶段出现的环境问题，在我国呈现出集中爆发的态势，大气污染、地表水和地下水污染、生态退化等生态环境问题不断涌现，已成为制约经济增长的"瓶颈"；②我国开始进入环境风险高发期。近几十年经济高速发展埋下的环境隐患陆续爆发，我国总体上已经进入了常规污染物控制稳定但环境风险逐渐加大的新时期；③资源环境外交压力剧增。随着经济全球化进程的深化，全球环境问题日益凸显，我国在应对保护生物多样性、全球气候变化、控制持久性有机污染物等方面的自由度日益减小，且大规模进口矿产资源屡遭国际寡头垄断的困扰，客观上对我国的发展方式构成"倒逼"态势。趋紧的资源环境约束决定了我国已不能再延续传统的发展模式，必须把环境目标和国家经济社会的各项政策有机地协调统一起来，促进发展方式的转变，从源头上减少污染。

1.3.2 发展中的理性思考——转型发展迫切需要环境影响评价的深度参与

　　近年来，我国逐渐摒弃传统"以经济发展为中心"的发展模式和理念，转向"全面协调可持续发展"的阶段。但是，我国的发展理念、管理技术、经济社会部门等仍囿于传统框架之中，难以适应新时期的发展要求，重经济增长、轻环境与资源保护的传统工业化道路也未根本性地改变。经济社会发展同人口、资源、环境压力的矛盾迫使政府在制定规划等重大战略过程中，不断提高环境与资源管理的可持续性。目前，国家和地方制定的重大规划等基本上属于"扩张增长型"战略，而非"适度型内涵式"的发展战略，未跳出传统发展的窠臼，对环境问题的考虑仍处于"浅尝辄止"的阶段。要实现经济增长与环境保护同步并重，必须更好地将经济发展与环境保护有机统一起来，在决策和规划制定源头将可持续发展因素纳入考虑中，这在很大程度上取决于是否对政府重大的战略性决策如法律法规、政策、规划与计划等进行了环境影响评价（图 1.3）。

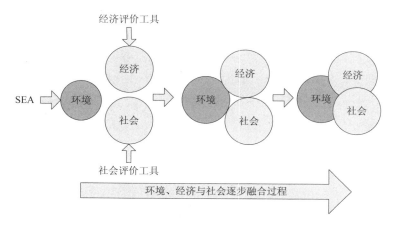

图 1.3　社会经济与环境的发展融合

　　环境影响评价作为一项从决策源头预防环境污染和生态破坏的主要决策辅助制度，是我国落实科学发展观、建设生态文明、实现经济转型的重要手段，其对协调经济发展与环境保护发挥的重要作用日益受到决策层的关注。特别是自 2003 年《环境影响评价法》（以下简称《环评法》）颁布和 2009 年《规划环境影响评价条例》（以下简称《条例》）实施以来，环境影响评价在加强宏观调控、提高经济发展质量和效益、以环境优化经济增长和为科学发展保驾护航等方面的作用日益显现。

"十一五"期间，我国通过积极探索战略环境评价、控制新增污染物排放、创新区域综合治理、维护群众环境权益等工作，拓展了环境影响评价参与国家综合决策的广度和深度，对于节能减排、优化布局、调控结构等发挥了作用。"十二五"是我国加快转变经济发展方式、提高生态文明水平的关键时期，对环境保护发挥优化经济发展的作用提出了更高要求，环境影响评价尤其是战略环境评价全面深入政府决策、全程介入规划编制的需求变得更为迫切。

1.3.3　困惑中的必然选择——环境影响评价难以适应国家战略需求

环境影响评价制度自 20 世纪 70 年代诞生以来，相继在 100 多个国家（地区）和众多国际组织中开展应用。但实践表明，环境影响评价的现实意义并没有达到预想的效果。尽管就环境影响评价本身来说，其开展的普遍性、理论创新、在应用中的进展都是有效性的体现，但就环境影响评价对政策制定的影响以及对环境保护的影响来说，环境影响评价的成效也饱受质疑。虽然当前国际上对环境影响评价的重视度和投入不断增加，但是对其现实意义仍存在一定的不确定性。

战略环境评价的目标是从决策源头控制环境问题，促进社会经济环境系统的可持续发展。从战略环境评价的实施力度和范围来看，国际战略环境评价发展迅速。欧盟、美国、加拿大等 30 多个国家或地区，以及包括世界银行、欧盟委员会在内的许多国际组织，均建立起适应不同国家（地区）的战略环境评价导则体系、工作框架和方法，开展了战略环境评价的示范性案例，实施领域涉及区域发展、城市建设、交通、土地利用、电力、农业、废物管理、资源开发等方面。美国环境质量委员会对《国家环境政策法》实施 25 年来的效果研究表明,《国家环境政策法》在战略环境评价领域取得了一定的成效。一方面,《国家环境政策法》的行政和司法监督机制促使联邦政府机构对重大决策和规划的环境影响予以重视;另一方面,通过公众评议、公开听证等制度,公众的建议逐渐纳入政府机关的决策过程;荷兰战略环境评价的实施也取得良好的效果,据荷兰环境影响评价委员会统计,截至 2008 年,将近 10%的立法开展了战略环境评价。有关部门在立法草案的起草说明中,均对其可能产生的环境影响进行了专门说明。当前,虽然战略环境评价在世界范围内得到广泛开展,但是随着战略环境评的研究和实践的深入,其在理论、方法体系和管理体制等方面存在的一些问题逐渐暴露出来,实施有效性问题随之被提出来,部分决策者质疑其开展的价值意义。

如前文所述,经过十多年的发展,我国战略环境评价的发展已初具规模。但是作为一项新生事物,我国战略环境评价的研究和实践仍处于初始阶段,面临诸多问题与挑战,其在理论、技术方法、管理体制等方面存在的一些问题逐渐暴露出来,实施的有效性问题开始受到关注。战略环境评价要成为推动我国循环经济发展的重要抓手[7]、构建环境友好型社会的有效工具[8]、落实生态城市建设的关键途径[9],就必须保证战略环境评价的有效性[10]。战略环境评价功能发挥的制约因素是令人关注的问题之一,学界与实践工作者对于其在决策过程中的价值与效果的认同度不尽相同,甚至有学者与实践工作者认为战略环境评价的推行并不成功,多数成为规划的通行证,流于形式。同时,战略环境评价作为现代管理工具,其自身制度有效性如何,将直接决定着其存在的价值性,一定程度上决定着战略环境评价发展的前景与方向。

战略环境评价的有效性可以通过完善管理和制度或从技术层面上来提高。提高战略环境评价有效性的必要条件之一是战略环境评价的结果必须是科学、可信的,能够说服决策者在最终的决策制定中考虑环境影响、采纳评价提出的对策建议和减缓措施。否则,战略环境评价很难发挥影响战略决策的作用,从技术层面来看其有效性必然得不到保障。因此,亟须对我国现有的战略环境评价制度进行系统完整的分析,探讨当前我国战略环境评价的实施现状和发展"瓶颈",识别影响其有效实施的关键因素，提高战略环境评价系统的功效，同时探寻战略环境评价对决策的作用，寻求未来发展道路。

到目前为止，虽然我国尚未明确地提出战略环境评价的有效性问题，但该议题一直都是学术界关注的重点问题之一。在战略环境评价理论的思想脉络中，理论研究的成果更多地集中在内涵含义、方法程序、问题和挑战等领域，在某种程度上这些都是战略环境评价的有效性问题。当前针对战略环境评价有效性问题的研究还没有得到系统的梳理和阐释，如对战略环境评价有效性的概念缺少科学、合理的界定，对影响战略环境评价有效实施的因素和实现机制缺少探索研究。因此，研究战略环境评价有效性时，对有效性实现机制的内在规律性进行探索性研究，建立科学的、动态的有效性的评价指标计算模型和测度体系，丰富和发展战略环境评价有效性的定量评价理论和方法，有利于清晰地把握战略环境评价实施的现状及未来的发展方向，为战略环境评价的完善提供科学的决策支持。

因此，开展战略环境评价有效性研究，具有一定的理论价值和现实意义：

从理论价值来说，战略环境评价有效性的评价和优化还是一个较新的课题，国内学术界尚没有进行系统和深入的研究，理论基础较为薄弱。本书从对战略环境评价有效性的内涵和功能进行深入剖析入手，构建了战略环境评价的一般研究框架，在这一框架下，对我国战略环境评价的有效性实施现状进行剖析和问题诊断；以有效性影响因素为出发点，在已有的单一学科研究成果的基础上，采取问卷调查法、因子分析法、多元回归法等方法，探讨影响战略环境评价有效性的因素以及不同因素间的影响机理；在此基础上构建了我国战略环境评价有效性评估的整合框架模型，并通过层次分析法、群组决策法、模糊综合评价法等定量研究方法进行了实证检验。通过本次研究，建立科学的、动态的中国战略环境评价有效性评估的指标计算模型和测度体系，丰富和发展了有效性定量评估的理论和方法，在一定程度上为战略环境评价的应用发展及有效性定量研究开辟了新的思路和方法。为我国战略环境评价工作的完善提供科学的决策支持。

从实践角度看，战略环境评价参与综合决策是落实科学发展观、建设生态文明的必然要求[11]。但制度设计上和管理体制上的障碍严重影响了战略环境评价的有效性，本书在战略环境评价运行有效性评价结果的基础上，通过改进战略环境评价运行体系和管理机制等措施，对战略环境评价的优化路径提出可操作性的政策建议，提出强化战略环境评价有效性的策略保障，从而在规划和决策制定过程中更有效地开展环境影响评价，实现规划决策的可持续发展。

第 2 章
前期相关研究与实践述评

2.1 前期研究与实践述评

2.1.1 研究概况——环境影响评价的有效性评估

2.1.1.1 国外战略环境评价有效性研究概况

在开始战略环境评价有效性研究之前，国际上最早开展的是有关建设项目环境影响评价的有效性研究。对于环境影响评价有效性的研究，国外学者作了很多探讨，从项目环境影响评价有效性研究重点来看，环境影响评价的有效性研究较多地界定为预期目标的实现程度，虽然战略环境评价是在项目环境影响评价发展的基础上逐渐开展完善，但战略环境评价有效性不同于项目环境影响评价，战略环境评价的过程涉及决策的过程和决策的实施，其有效性不仅仅在于衡量预期目标的实现程度，同时更强调对拟议决策的影响和影响程度。由于项目环境影响评价和战略环境评价的有效性研究具有一定的相似性，对环境影响评价有效性研究进行系统的研究回顾，有助于更为全面客观地理解战略环境评价的有效性。

环境影响评价有效性研究的主要问题在于环境影响评价有效性是一个交叉复杂的主题，其不能脱离环境影响评价的相关理论和应用进展。环境影响评价的研究主要集中于以下几个方面（图2.1）：

（1）关于环境影响评价的定义等基本理论，包含一些基本的问题，如环境影响评价的概念内涵，环境影响评价开展的必要性及其开展的目的。在考虑环境影响评价的有效性时，首先需要考虑环境影响评价

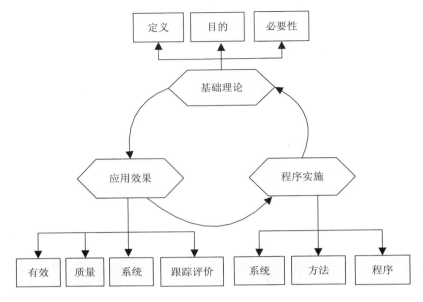

图 2.1 环境影响评价主要研究内容

的基本理论问题，即环境影响评价的目的和意义。过去 40 年，环境影响评价取得了长足的发展，但是早期的环境影响评价研究内容和关注重点主要是围绕应用实践展开，环境影响评价的发展甚至不是以理论指导实践，而是基于实践的发展。近年来，环境影响评价的理论建设出现起色，有些学者开始研究环境影响评价与规划、决策间的关系，并取得了一定的进展。

（2）自环境影响评价出现至今，有关环境影响评价的争论主要集中于"环境影响评价如何开展"方面，其主要包括宏观水平和微观水平的开展：宏观水平是环境影响评价体系的要求，即通过制度—法规—管理—执行等措施，构建环境影响评价有效实施的系统，微观水平主要关注环境影响评价的程序和方法应用。

（3）环境影响评价的实施效果，该主题是近年来学者们关注的重点，如"环境影响评价的执行效果如何，环境影响评价的现实意义"，即环境影响评价的有效性问题。

从 20 世纪 80 年代中后期，国际上开始了环境影响评价有效性的思考。环境影响评价有效性的研究主要基于两个目的[12]：一是分析不同国家环境影响评价的效果，判定环境影响评价的有效性；二是分析影响环境影响评价有效性的关键因素，探讨提高环境影响评价有效性的途径和方式。

美国斯坦福大学的 Ortolano[13]于 1987 年较早地对环境影响评价有效性进行了研究，并提出了衡量环境影响评价有效性的主要标准：①环境影响评价工作是否遵循了相应的法规、条例、评价程序；②环境影响评价工作是否对可能产生的重大环境影响进行系统的分析和考量；③环境影响预测与评价工作是否采用了科学可行的技术方法；④环境影响评价评价结论和建议是否对项目及决策产生影响；⑤环境影响评价工作过程中是否对主要环境影响因素展开了主要分析；⑥环境影响评价工作是否开展了有效的公众参与并采纳公众建议和意见。Ortolano 主要从制度规章、评价过程、技术方法、评价结论以及公众参与等几个方面探讨评估环境影响评价有效性的主要准则。

在国际范围内，加拿大环境评价局（Canadian Environmental Assessment Agency，CEAA）和国际影响评价协会（International Association for Impact Assessment，IAIA）于 1993 年共同倡议开展环境影响评价的有效性研究，认为环境影响评价是将环境管理引入发展规划和决策的最主要方式，但也面临严峻的挑战，例如，环境影响评价如何适应可持续发展战略的要求，如何在决策过程中更有效地发挥作用，以及如何开展更加全面、综合的环境影响评价等。Sadler[14]于 1996 年完成的 "International Study of Effectiveness of Environmental Assessment" 研究报告是该研究的主要成果。Sadler 认为环境影响评价的有效性应反映在环境影响评价的程序、目标和效果方面，提出 "影响评价的有效性在于其执行情况的有效性，评价实践对规章导则的遵循情况，以及影响评价的目标可达性"。

2000 年前后，一些学者对环境影响评价的有效性开展了系统的研究，Therivel[15-20]对英国过去 10 年环境评价和可持续评价的有效性进行评估，并于 2006—2009 年通过问卷调查对英国区域和地方重要空间发展规划的环境影响评价的有效性展开研究，认为环境影响评价对规划只是辅助作用，环境影响评价的实施难以改变规划的主要内容和预期目标，其在对促进环境的可持续发展方面的成效也不显著。

Fischer[21]对英国 117 个环境影响评价技术报告进行有效性分析评估，结果表明，技术报告大都开展了环境现状和环境质量的分析，但都未对环境问题进行深入的探讨，对规划可能产生的重要的环境影响以及影响程度缺乏分析。同时缺乏对人体健康的评估，减缓措施和监测分析不足。

Thissen[22]对环境影响评价实施前后规划（政策）的改变进行比较研究，认为环境影响评价的直接效果在于对规划（政策）的改变。Fischer[23]分析了欧盟 3 个区域的交通规划环境影响评价，并初步提出环境影响评价有效性评估的标准；Lawrence[24]区别了环境影响评价质量和有效性，其认为"质量"是对环境影响评价的制度安排和方法的评估，"有效性"则是对结果的评估，并提出环境影响评价的直接有效性和间接有效性：直接有效性指环境影响评价的目标可达性、对环境保护效果、报告书的质量以及其对导则规章的遵循程度，间接有效性指环境影响评价对环境管理和研究的效果。

Gibson 等[25]认为评估环境影响评价有效性应遵循以下几个原则：不确定性、将可持续性作为重点、确定应用和实施的准则、对替代方案开展评估、确保公众参与的透明性和公开性、对评估结果的监测、体现效率。Noble[26]在 IAIA[27]提出的标准基础上，将环境影响评价评估的标准分为系统、过程和结果三部分，并以加拿大环境影响评价为例，评价其程序的有效性。

在国家层面上，2007 年欧盟展开了"战略环境评价指令"的有效性研究[28]，研究战略环境评价指令在 27 个欧盟成员国执行情况和效果。该次有效性研究通过调查欧盟成员国如何将战略环境评价指令应用到各自的国家、欧盟各国战略环境评价的组织和法律，以及欧盟成员国战略环境评价开展的层次和领域等方面，主要评估战略环境评价对国家发展规划、计划和政策制定过程和内容的影响，战略环境评价的成本费用，欧盟成员国是否将战略环境评价视为辅助规划制定或者评价的工具，以及利益相关者对战略环境评价效果的评估。

加拿大国际发展署（CIDA）认为环境影响评价旨在建立更为科学合理的规划、计划和政策。其有效性主要表现在：①推进可持续发展议程：环境影响评价是将环境、社会和经济因素纳入政策、计划和规划制定过程中的有效工具，主要目标在于将可持续发展原则融入政策、计划和规划制定中，减少环境资源的损失。②强化政策、计划和规划的决策程序：通过对政策、计划和规划的环境影响评价，环境影响评价能够促进咨询和公众参与，在规划之初展开咨询和公众参与能够为环境影响评价提供有效的信息，同时增强政策、计划和规划的科学性和合理性。③考虑累积影响和协同效应：与环境影响评价不同的是，环境影响评价需要分析政策、计划和规划中大尺度的环境问题和累积影响以及协同效应。④推进环境友好型项目的实施：通过对政策、计划和规划以及其替代方案的不良环境影响进行分析评价，识别对环境影响较小的替代方案，从而减缓或避免政策、计划和规划实施可能产生的环境影响。通过环境影响评价，可推进环境友好型项目的实施。

2.1.1.2　我国战略环境评价有效性研究概况

　　我国对环境影响评价有效性的系统性研究始于 20 世纪 90 年代中期，1995 年在青岛召开的环境影响评价国际研讨会将环境影响评价的有效性作为会议的主要议题，会议上 Ortolano[29]从中国的机构设置等因素切入，分析其对环境影响评价有效性的影响，并提出了环境影响评价有效性包括以下十个方面的内容：①主管机构的权威性；②环境影响评价纳入建设项目或者决策中；③确保公众参与；④环境影响评价拟定措施、对策的落实；⑤环境累积效应的分析与控制；⑥风险评价；⑦社会影响评价；⑧后评估与追踪监测；⑨评价程序的一致性；⑩环境价值评价。目前，有效性研究成为环境影响评价领域研究的热点之一。

　　李天威等[30]对影响环境影响评价有效性的行为因素进行了分析，并将这些行为因素划分为战略规划行为、管理控制行为和技术业务行为；于连生等[31]提出环境影响评价有效性包括政策法规有效性、管理机制有效性和技术措施有效性，并进一步研究了环境价值核算对环境影响评价有效性的影响，认为环境影响评价有效性不应只被看作环境影响评价制度本身的"完善"与"健全"，而要看它的实际效果；林逢春等[32]从法规、管理机构、程序、参与人员、验收监测和强制执行、信息和技术支持等多个方面对我国环境影响评价的完备性和有效性进行了评估；乔致奇[33]从环境影响评价国家能力建设的角度探讨了如何提高我国环境影响评价的有效性；张勇等[34]对影响环境影响评价有效性的因素进行了层次划分，分为国家层次、管理层次、具体建设项目层次和技术层次。林健枝[35]从环境影响评价的工作程序出发探讨了环境影响评价的有效性。从这些研究中可以看出，我国目前所开展的环境影响评价有效性研究大多集中在单个要素对有效性的影响或将环境影响评价体系要素划分为不同层次，然后针对不同层次的要素实施分析，存在着较大的不系统性和片面性。

2003 年《环评法》的出台，规划环境影响评价成为法定要求，但是《环评法》出台后，规划环境影响评价的实施效果并不理想，许多规划环境影响评价的案例流于形式，甚至许多规划并未按照《环评法》的要求开展环境影响评价。在这种背景下，一些学者开展了环境影响评价有效性的研究。

国内对战略（规划）环境影响评价的有效性的研究较少，主要集中于对规划环境影响评价报告书的评估，即通过对多本报告书的比较总结，从规划环境影响评价的程序方面入手，研究报告书的有效性。如刘兰岚等[36-37]选择评价对象、介入时机、替代方案、公众参与、评价指标和累积影响等 6 个指标，对上海市 2003—2005 年编制的 24 本规划环境影响评价报告书进行统计分析，提出提高规划环境影响评价有效性的途径。周丹平等[38]从管理程序技术方法内容设置评价结论以及规划实施的保障措施等方面，建立了评估规划环境影响评价实施的有效性指标体系，并结合案例对 9 个规划环境影响评价报告书进行了分析，探讨了当前该领域存在的问题。徐鹤等[39]从可持续发展角度出发，选取《环评法》实施至今的规划环境影响评价案例，从管理程序、技术方法、内容设置和实施效果等方面建立了 10 项有效性评价指标。王会芝等[40]对战略环境评价有效性评估的指标体系和评估方法进行了研究，并采取定性与定量相结合的方法对我国战略环境评价的有效性进行了实证评估。Bina 等[41-42]基于我国制度环境，对我国战略环境评价的实施困境和有效性标准进行了探讨，将我国战略环境评价分为规划环境影响评价、过渡层次的环境影响评价、战略环境评价等三个层面，并从具体操作过程对每个层面环境影响评价有效性评估标准进行了探讨。

由于规划环境影响评价有效性的影响因素众多，一些学者针对不同影响因素进行规划环境影响评价的有效性分析，如凌虹[43]针对规划环境影响评价中的"公众参与"进行有效性分析，提出提高公众参与有效性的对策与建议。

2.1.2 评价标准——有效性评估指标与标准

在评价战略环境评价的有效性时，首先要解决以下两个问题：评价标准的界定和标准衡量方法和表现形式[44-47]。对于影响因果关系链不明显或者逐渐减弱的战略环境评价来说，评价标准的确定尤为困难。

对于环境影响评价而言，美国的《国家环境政策法》（NEPAs）对环境影响评价的理解为：环境影响评价旨在影响决策的制定，而并非单纯控制某一污染源或者某种污染物那么简单，在这一点上，环境影响评价远未达到该目的。

Marsden[48]认为在考虑环境影响评价有效性时，应分析目的、原则和标准间的关系，即标准要用来检验环境影响评价对原则的遵循程度以及目标的实现程度。由于目前大多数国家对环境影响评价的原则有共同的认识，因此针对环境影响评价原则制定标准具有一定的可行性。

Sadler[47]提出环境影响评价有效性的评估标准有三个：一是目标标准（substantive criteria），即评价是否实现其既定的目标；二是程序标准（procedural criteria），即评价是否按照一定的程序展开；三是效率-效益标准（transactive），即评价是否在有效的合理的时间内（效率），以较低的成本完成了评估（效益）。前期环境影响评价有效性评估标准的研究主要针对环境影响评价的程序展开[49-54]。对于环境影响评价的目标标准，学术界对其具体目标尚没有统一的说法，早期研究将环境影响评价的目的理解为其对拟议决策的环境影响进行预测与评价，针对环境影响评价对决策的影响、对可持续的影响等方面探讨其目标有效性。

Theophilou 等[55]从目标有效性和时间-成本-效益的角度评估欧盟资助计划的有效性，评估标准见表 2.1。

表 2.1　SEA 有效性评估标准

有效性	标准
目标有效	SEA 纳入决策——拟议决策因 SEA 的结论和建议而产生改变
	协调合作——SEA 咨询部门与决策制定部门的合作交流
	交互发展——SEA 过程与决策制定过程交互进行
	早期介入——SEA 在决策制定早期介入
	制度建设——部门合作增加，政府与公众的交流协作
	公众参与——公众和部门建议纳入决策制定中
效率与效益	时间——SEA 开展时间合理
	成本——SEA 费用合理性
	人员技术——SEA 专业技术人员和技术水平较高
	责任机制——责任与任务明确

　　Fischer[56-57]在回顾了战略环境评价有效性评估标准研究的基础上，将战略环境评价有效性评估标准总结为两方面：决策背景标准和技术标准（图 2.2）。决策背景标准主要包括：①战略环境评价的制度保障（将环境问题纳入决策制定过程）；②决策制定过程中部门的合作与公众参与；③后续项目环境影响评价较为有效。战略环境评价的技术标准主要包括：①战略环境评价的可靠性和质量；②有效灵活的评价过程，包括公众参与；③时间、成本效率较高，评价对环境现状和影响预测的分析结果科学可靠。在此基础上，Fischer 针对意大利战略环境评价的特点提出其有效性的评估标准，包括以下几方面：①战略环境评价存在明确清晰的评价程序以及相关规范；②存在独立的第三方对战略环境评价进行审查，有效的问责机制；③战略环境评价立法规章，包括针对项目环境影响评价的法律；④明确不同相关方、参与方的角色和职责；⑤评价过程中应用环境承载力方法对环境进行预测分析；⑥评价中考虑对替代方案的评估；⑦评价过程中可获得的信息资源充足。由此可见，战略环境评价的评估标准非一成不变，应根据不同国家战略环境评价的特点及其政治制度背景来设定。

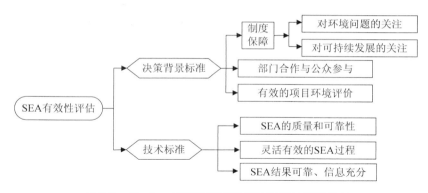

图 2.2　Fischer 战略环境评价有效性评估标准总结

在考虑各种评价有效性的标准时，将影响环境影响评价有效性的因子指标和判定环境影响评价有效性的指标加以区分很重要，多数研究提出了有效性因子对如环境影响评价系统[58-59]、环境影响评价报告书[60-64]以及环境影响评价过程[65-69]等方面的评估，这些指标广义来说都属于"输入质量"而非"输出效果"，此外，一些研究开始质疑"输入质量"与"输出效果"间的因果关系[70-73]。有效性不仅与这些影响因素有关，同时也受环境影响评价质量之外的其他因素的影响。

近年来，研究人员开始注重不同制度背景和不同行业领域的战略环境评价。Therivel 和 Minas[18]对英国发展规划战略环境评价的有效性进行了回顾，提出了以下几种评价标准：①对比战略环境评价实施前后政策制定的变化，尤其是与可持续性和环境相关的改变；②验证战略环境评价实施后，规划是否实现既定的环境目标；③咨询评价工作人员有效性看法，即主观判断战略环境评价的有效性；④验证战略环境评价实施前后环境质量的改变，尤其是与可持续性和环境相关的一些改变；⑤验证规划政策因战略环境评价而做的改变；⑥通过案例对比，分析需要开展环境影响评价的规划的种类。

对发展中国家而言，Retief[74]基于南非 SEA 的实践回顾了发展中国家战略环境评价的有效性。战略环境评价的有效性标准与原则和目标紧密相连，表 2.2 列举了战略环境评价有效性的相关标准，最终，Retief 拟定了 4 个不同领域的 9 个评价指标。通过资料数据和咨询战略环境评价的主要参与人员，验证指标的一致性。由于评价方法的定性化，评价结果通过 3 种方式表示：一致性、部分一致性和不一致。

表 2.2　南非战略环境评价有效性标准相关总结

SEA 原则	SEA 目标	实施领域	实施指标
SEA 对规划和计划的改变	对规划和计划内容的影响	政策、计划和规划	计划或者规划是否根据 SEA 的建议做相关修改 SEA 是否有利于将可持续目标与相关政策、规划的结合
SEA 对可持续性目标的贡献	实现 SEA 的目标 实现 SEA 可持续目标和环境目标	SEA 目标	SEA 的目标是否实现 可持续目标和环境目标是否得以实现
SEA 对决策制定的影响	对决策的影响	决策制定	决策是否依据 SEA 的建议做相关修改
SEA 对环境质量的影响	提高环境质量	环境质量和可持续性	SEA 的实施对环境产生了怎样的改变 SEA 是否识别了主要的环境问题

　　环境影响评价的后续跟踪评价对有效性评价来说也极为重要，Partidario[75]提出"多途径跟踪"（multi track）方法（图 2.3），即通过五种不同的途径设计环境影响评价的有效性标准，以探索不同的环境影响评价的有效性。

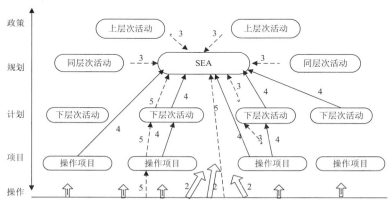

注：1—监测；2—目标可达性评估；3—效果评估；
　　4—与下行决策的符合性；5—环境影响预测与评价

图 2.3　战略环境评价多途径跟踪过程

路径的表述如下（该模式同样适用于对环境影响评价，但是要根据不同情况作稍微的改变）：

路径 1：监测和审查；

路径 2：评估目标的可达性；

路径 3：对战略决策的实施过程进行评估；

路径 4：现有规划/政策实施后，对后续的决策的实施进行评估；

路径 5：监测评价决策实施后对环境和持续性发展的实际影响。

Fischer 和 Gazzola[56]将战略环境评价有效性的评价标准广义上分为两种，即：

（1）战略环境评价有效开展的制度环境标准

● 在 PPP（政策、规划和计划）制定过程中现有的制度框架，包括环境意识、可持续发展框架

● PPP 制定过程中有效的合作和公众参与方式

● 战略环境评价可以借鉴建设项目环境影响评价体系

（2）战略环境评价有效开展的方法学标准

● 战略环境评价的问责机制和质量控制

● 利益相关者以及普通公众对评价的关注、接受以及推动作用

● 成本和时间充足，数据可得、对环境影响和替代方案的评估

除此之外，一些国际组织对战略环境评价有效性评估标准也开展了相应的研究，并基于各自研究提出相关评估标准。主要包括以下几种：

（1）国际影响评价协会（IAIA）认为一个高质量的环境影响评价过程可以使规划者、决策者和公众充分了解战略决策的可持续性，确保决策的科学性和可靠性，提高项目层面环境影响评价的成本效益和效率。IAIA 提出有效的环境影响评价实施标准包括六个部分（表2.3），即具有综合性、可持续导向、针对性、问责性、参与性以及反复型。分析 IAIA 的 17 条具体评估标准，可以看出该系列标准设计较为笼统，且可操作性和评估性较差。例如，如何判定"所有对与可持续发展有关的战略决策进行适当的评价"，如何评估时间成本的效益，以及如何衡量信息和充分可靠性等标准。因此，之后学术界对环境影响评价的有效性案例研究中很少采用该评估标准。

表 2.3 IAIA 战略环境评价有效实施标准

评估类别	评估标准
综合性的 SEA（intergrated）	1. 对重要的发展战略规划或者决策进行科学合理的环境影响评价 2. 综合考虑环境、社会和经济等方面影响 3. 针对政策开展环境影响评价，将评价过程与决策过程融合
可持续性的 SEA（sustainability-led）	1. 对备选方案和替代方案开展评价
有针对性的 SEA（focused）	1. 为规划和决策提供充分可靠的信息资料 2. 注重分析环境问题以及与可持续发展有关的问题 3. 评价过程与决策过程相互联系 4. 效率与效益（时间-成本）
有责任的 SEA（accountable）	1. 战略决策部门的问责机制 2. 评价过程具有专业性、公平公正、权衡利弊 3. 环境影响评价第三方审查和检验 4. 对于决策中如何考虑可持续性问题进行审查
可参与性的 SEA（participative）	1. 决策过程应包括充分的公众参与 2. 评价报告和决策过程中充分考虑公众的意见和建议 3. 公众参与的信息全面
可反复的 SEA（iterative）	1. 得出科学合理的评价结论建议，影响决策过程和规划制定 2. 充分阐述决策可能产生的环境影响，提出决策改进措施

（2）经济合作与发展组织（OECD）提出了从三个不同视角和层次探讨战略环境评价的有效性标准，包括评估战略环境评价与法律规章的符合性、依据导则对战略环境评价进行质量评估以及战略环境评价的效果评估，具体评估标准见表 2.4。

表 2.4　OECD 的战略环境评价有效性评估标准

		具体标准
模块 1：与法律规章的符合性	初步评估	1. 筛选是否需要开展 SEA 2. 识别利益相关者并确定其参与情况
	详细分析	1. 识别主要的环境问题及影响 2. 信息采集现场调研 3. 分析替代方案潜在的环境影响 4. 提出减缓或者避免不良影响的措施和建议 5. 编制 SEA 报告书
		1. 编写 SEA 调查结果报告初稿 2. 编写报告时确保公众参与 3. 将公众意见纳入 SEA 报告书终稿
		1. 对 SEA 进行独立审查（质量控制检测）
	决策制定和实施过程	1. SEA 为决策制定者提供建议 2. 建议结论纳入决策制定和实施过程
模块 2：依据导则进行质量评估	信息数据采集和数据质量	1. 明确了 SEA 的目的/宗旨，并有相关法规的支持 2. 确定了影响评价的范围 3. 对于负责规划/政策的人来说，SEA 提供的信息充足 4. 从利益相关者的角度看，SEA 提供的信息充足 5. 识别可能重要的环境问题 6. 对规划决策中未涉及的环境问题进行分析
	部门合作以及公众参与	1. 评价机构与负责规划/政策机构的合作及合作效果 2. 公众参与的开展以及开展效果 3. 公众参与包括对弱势利益相关者的意见咨询
	环境影响评价过程	1. 影响评价过程分析重要的环境影响和环境制约因素 2. 重点考虑对可持续性发展影响最大的环境问题和因素 3. 说明环境影响评价中采用的方法 4. 分析规划和决策可能产生的积极和消极的环境影响 5. 对环境影响评价、预测过程中的不确定性进行分析 6. 在实施建议中提出减缓措施，防止、减缓环境影响 7. 评价过程中综合考虑环境、社会、经济之间均衡发展
	替代方案的考虑	1. 考虑替代方案，包含"零"方案 2. 如果否定替代方案，提出否定的原因
	规划的跟踪行为和规划执行	1. 确定监测规划或者政策实施后跟踪评价指标 2. 确定规划与后续项目的衔接，如与项目环评、技术指南的衔接 3. 针对规划/政策的实施过程提出相关建议

		具体标准
模块3：有效性评估	规划/政策的目标	1. SEA 报告明确描述了规划/政策的目的和目标，并对其进行适当的定量分析 2. SEA 报告开展本次评价规划/政策与上下级规划/政策的融合和一致性分析
	SEA 过程	1. SEA 报告描述了 SEA 的目标/目的，阐述遵循的法规、政策、导则 2. SEA 与现有政策、规划结构的整合程度 3. SEA 符合当地的制度环境 4. SEA 过程具有灵活性并可供其他评价借鉴 5. SEA 全过程透明，利益相关者可获取相关信息
	替代方案	1. 基于环境或可持续的目的、原则对替代方案进行分析 2. 对替代方案的选择进行论证
	对决策制定和规划/政策的影响	1. SEA 结论对决策制定完全、充分 2. SEA 报告清楚易懂 3. SEA 对决策制定过程有显著影响（而非仅仅限于最终审查阶段），如 SEA 改变规划/政策的制定内容，提高规划的科学性，有利于保护环境 4. 决策制定者采纳 SEA 的结论和建议
	对实施过程的影响	1. SEA 的开展有利于可持续或环境友好发展 2. SEA 可能产生机构的改变（跨部门协调、跟踪评价需求等）或管理的改变（保证弱势利益相关者参与环境管理） 3. 在实施过程中，利益相关者参与评价过程并提出建议
	对可持续发展/环境等产生直接或间接的影响	1. 目标的完成情况 2. 改善了环境状况以及自然资源状况 3. 透明度、问责制以及管理的改进 4. 可持续发展的收益超过实施 SEA 所需的成本
	能力建设	1. SEA 通过培训，提高了决策制定者和实施者的环保意识 2. SEA 增加了弱势利益相关者的环境权利 3. SEA 提高了决策制定的透明度及决策者的环境责任 4. 促进了社会对 SEA 的了解，推动 SEA 的开展

（3）南开大学联合香港中文大学也提出了评估我国战略环境评价有效性的标准（表 2.5），主要从操作程序和评估内容两个方面判定我国战略环境评价的有效性。该标准将我国规划战略层次的环境影响评价划分为从规划环境影响评价进化到战略环境评价的三个阶段：

表 2.5　我国战略环境评价有效性评估标准

标准	第一层次 规划环境影响评价	第二层次 过渡模式（规划环境影响评价向战略环评的过渡模式）	第三层次 战略环境评价
现状情况	1.1 提供了被评价区域的生态承载力/极限的概览（确定评价界限是为今后更好地确定间接影响和累积影响）	2.1 包括对社会问题的综合审视，尤其强调社会公平	3.1 利用并且有助于建立一个能够提供质高价廉数据的系统（主要是环境和社会数据，并包括其他与环境和社会评价相关的数据）
范围划定	1.2 有利于规划环境影响评价/战略环评能尽早开始 1.3 有利于过程的融合（通过主动介入到规划过程中的关键阶段，从而促使规划活动与评价活动的融合） 1.4 确保规划环境影响评价团队队员的专业领域能覆盖所需评价的知识领域，并包括社会科学专业人士	2.2 提供了任务、责任、时间表和交流计划明晰的范围报告 2.3 定义可以接受的环境成本准则和可持续发展权衡准则	3.2 确保规划负责人的明确支持，以促进过程的融合和合作 3.3 识别决策过程中关键的"机会窗口"，以使战略环评有途径就识别、信息、洞察力和/或争端为决策做贡献 3.4 能获得所需的所有数据（在需要购买数据时有足够的资金） 3.5 在合适的地方考虑战略替代方案和技术方案（在哪里、是什么、怎么样） 3.6 利用并有助于建立一个能够就怎样促进政府间合作提供反馈的系统（克服"条块分割"）
指导框架	1.5 采用环境和社会目标作为评价过程的指导框架 1.6 为应优先考虑的社会及环境发展目标，及在环境现状研究中确定的关键环境问题指定评价指标	2.4 从整体的角度考虑问题，全面考虑社会与环境相互作用（不仅把重点放在自然环境） 2.5 提倡一种以生态资源有限和社会公正为优先考虑的思想（在评价和规划团队中间）	3.7 决策者对"整合框架"支持 3.8 确保"整合框架"被应用到规划和评价的各个阶段 3.9 利用并有助于建立我国可持续发展战略实施状况纵览的体系

标准	第一层次 规划环境影响评价	第二层次 过渡模式（规划环境影响评价向战略环评的过渡模式）	第三层次 战略环境评价
正式咨询	1.7 促进切实能影响环境评价结果的咨询和公众参与 1.8 确保有足够的资金支持	2.6 提倡专家与公众进行交流，避免单方面地向公众"灌输"知识和结果 2.7 提供充分及免费的文件/档案查阅途径	3.10 在范围划定、预测评价及形成评价结论阶段均允许公众参与 3.11 利用并有助于建立一个能就怎样高效率及创造性地引入公众参与到战略环境评价中提供反馈及指导的系统
评价	1.9 关注"评价要符合目的"的原则 1.10 确保规划环境影响评价/战略环评与其他相关评价的整合	2.8 明确环评中的不确定性，避免"黑箱操作"	3.12 在合适的地方评价战略替代方案和技术方案（在哪里、是什么、怎么样） 3.13 利用并有助于建立一个能够就怎样开发有效并有创造性的评价工具提供反馈和指导的系统
与决策联系	1.11 形成一份包含评价建议和咨询过程的报告 1.12 包括清晰及非技术性的影响分析	2.9 记录并说明在评价框架中识别的问题是如何在决策过程中被考虑的 2.10 就如何确保规划/战略环评结果与规划执行一致（尤其是项目的选择）提供指导 2.11 确保就评价的结论与建议与主要行政部门和利益相关机构进行广泛的咨询	3.14 形成多报告机制，以实现决策者和评价者之间的充分交流（在规划的各关键阶段提供一系列报告的机制，不单单是在规划环境影响评价/战略环评报告形成的最后阶段） 3.15 利用并有助于建立一个能够就怎样有效地集成环境和社会因素到主流发展规划中提供反馈和指导的系统
质量审查	1.13 确保评价活动的独立性	2.12 确保评价过程和评价报告的独立性，并遵守相关法律	3.16 通过独立委员会运作以利于经验的累积（区别于一个案例一个审查小组的模式）
监测跟踪评价	1.14 提供了完整的监测和跟踪评价计划 1.15 确保所提供减缓措施切实可行		3.17 提供能够通过战略环境评价及其后续评价而使机构学习和社会学习成为可能的活动

①规划环境影响评价：该层次的标准基于《环评法》和《规划环境影响评价条例》，侧重于规划环境影响评价的程序性，同时也引入了一些"过程"和"内容"元素。

②过渡模式：为中间阶段，该层次介于注重程序合理性的规划环境评价和注重实质性影响的战略环境评价之间。符合该层次标准的规划环境评价既能促进环境影响评价的直接有效性又能促进累积有效性。

③战略环境评价：该层次标准包含高质量战略环境评价活动所需的内容，以期追求战略环境评价应用效果的最大化，包括使规划（包括政策、计划和规划）的环境表现有明显的提升，以及逐渐影响政府的运作方式（制度、文化、组织）。

通过对当前战略环境评价有效性评估标准进行分析，本书总结出以下几种主要的评估标准：制度环境有效性标准、目标有效性标准、执行过程标准、绩效标准、衍生标准（即实施之外潜在产生的有效性）。其中，研究重点是战略环境评价的程序有效性以及目标有效性。

（1）制度环境有效性：战略环境评价的政治、制度、法律的有效性，即评价开展过程中是否遵循了国家和地方相应的法规规章，国家和地方政府对战略环境评价的支持态度等。

（2）目标有效性：国际上战略环境评价的主要目标是评价纳入规划的制定过程中，使规划更具科学性，同时保护环境促进可持续发展。我国《环评法》中提出 SEA 的目的是"实施可持续发展战略，预防因规划和建设项目实施后对环境造成不良影响，促进经济、社会和环境的协调发展"。战略环境评价目标有效性评价旨在评估目标的可达性和符合性。本书目标有效性主要评价战略环境评价是否使规划更具科学性；规划对评价结论和建议的采纳情况；战略环境评价是否有利于环境保护、促进可持续发展等。

（3）执行过程有效性：战略环境评价的程序以及采用的方法是评价报告书有效性的重要标准。程序有效性即战略环境评价执行过程对导则和法规要求的符合性，此外，过程的有效开展对规划的实施也有一定的作用。《规划环境影响评价技术导则　总纲》中规定了环境影响评价开展的步骤和过程包括替代方案的选择、筛选、识别、预测与评价、公众参与、减缓措施、跟踪监测、审批过程等，本书从这几方面入手，评价战略环境评价程序的有效性；采用的方法是否先进可行也是评估有效性的重要标准。

（4）战略环境评价实施绩效：战略环境评价时间成本的有效性。主要评价成本-效益与时间-效益。一般来说，战略环境评价如果用时少且成本较低，并达到了很好的效果，那么绩效就较高。

（5）衍生（附加）有效性：战略环境评价潜在的有效性。本书中评估实施的衍生有效性主要通过评估战略环境评价是否能够增加决策者的环境意识，能否提高公众的环境意识和参与意识，增加不同部门间的交流，增加规划的透明度等方面实现。

有关环境影响评价的有效性标准，研究人员关注较多的另一个问题是区分"直接有效性"标准和"间接有效性"标准，直接有效性标准主要检验环境影响评价或者是环境影响评价特定目标的可达性，间接有效性标准主要检验环境影响评价目标价值以外的效果。

2.1.3 实践研究——战略环境评价辅助决策制定

Wood[59]对比了 7 个国家环境影响评价对决策的辅助效果（表2.6），结果表明，这 7 个国家都要求将环境影响评价的结果纳入决策的制定中，但实际上其中 6 个国家对环境影响评价的结论部分采纳，而南非则是基本上没有采纳战略环境评价的意见和建议。Wood 认为决策者基于自己的政治目的，一般情况下，环境影响评价都会让路于政治意愿。Wood 的结论验证了一些研究中认为"环境影响评价对决策或者项目制定的影响仅仅是温和低效的，而非强有力的"的说法[76-77]。

Aschemann[78]通过对 4 个案例的评估，认为战略环境评价对决策的作用较为有限，战略环境评价提出的建议只在决策制定后期选择性采纳。Fischer[79]通过对荷兰、英国和德国等几个国家的 80 个交通规划和空间发展规划的战略环境评价进行对比分析，结果表明，战略环境评价对交通规划的影响较大，而对空间发展规划的影响微乎其微。此外，对荷兰、英国、爱沙尼亚等国家的 16 个案例[80]的评估结果表明，近一半的战略环境评价对决策没有产生影响。

表 2.6　环境影响评价对决策制定的影响

国家	满足标准	内容
美国	部分满足	考虑、说明并公开环境影响，评价通常能够影响决策的制定
英国	部分满足	环境因素是决策制定中要考虑的重要因素，但不是决定性因素
荷兰	部分满足	说明如何将环境影响纳入决策的制定中。在实践中，环境影响评价通常能够影响决策的制定
加拿大	部分满足	自我评价能够影响部门决策的制定：当内阁不采纳公众意见时，相关部门应给予说明解释
澳大利亚	部分满足	环保部在审批时，要考虑环境影响评价报告
新西兰	部分满足	法规要求决策制定时充分考虑环境影响评价，但实践中，环境影响评价没有得到应有的重视
南非	没有	要求必须开展环境影响评价，但决策制定时却很少考虑环境保护

　　Jones 等[81]对 14 个国家和地区土地利用的战略环境评价对决策制定的影响进行了比较研究，研究结果（表 2.7）表明：只有丹麦、德国、中国香港等 3 个国家和地区的战略环境评价较为有效，新西兰、美国、英国这 3 个国家的战略环境评价则部分有效，而加拿大的战略环境评价几乎没什么效果。由于对战略环境评价程序还没有做出评价，或者因为现有的战略环境评价体系不足以对决策造成影响，因此尚不能确定其余的 6 个国家战略环境评价的有效性。

表 2.7　土地利用规划 SEA

国家/地区	满足标准	内容
加拿大	没有	在决策制定过程中，几乎没有考虑 SEA 的结论和提出的环境问题，但是将 SEA 纳入决策制定的早期过程中，效果更为明显
丹麦	满足	SEA 对决策的制定有明显的影响
德国	满足	SEA 跟踪评价的相关指令有望出台
中国香港	满足	SEA 通常对规划、政策和计划的制定有着重要的影响
匈牙利	不确定	难以评判 SEA 结果，可能有助于在决策制定中综合考虑多个利益相关者的意见
爱尔兰	不确定	很少有 SEA 开展，且对决策的制定没什么影响

国家/地区	满足标准	内容
荷兰	不确定	当前的试点研究取得了一定的成功,但是需要几年的实践才能判定其有效性
新西兰	部分满足	由于决策制定过程中多个党派的参与,很难界定 SEA 的影响范围
葡萄牙	不确定	没有 SEA 系统
南非	不确定	初步研究结果表明,SEA 对决策的影响较大
瑞典	不确定	之前 SEA 对决策的影响难以界定,但是出台的新法律要求说明决策依据 SEA 所做的改变
英国	部分满足	SEA 对土地利用规划的影响不大
美国	部分满足	NEPAs 注重 SEA 的程序,联邦政府即使知道规划会产生严重的环境影响,仍会批准规划的实施
世界银行	满足	过去 SEA 执行得很好,关注 SEA 的有效性,注重其对决策制定的影响

Retief[70]从发展中国家的角度出发,阐述了南非战略环境评价实施效果甚微的原因(表 2.8)。Retief 认为完善的法律体系与咨询部门等综合因素能促使战略环境评价在大范围内开展。

表 2.8 南非战略环境评价有效性

输入输出		评价指标	评价目标
投入质量	过程	特定制度环境	● 将 SEA 与决策制定环境相融合 ● 防止重复工作
		可持续导向	● 将可持续性理念纳入决策制定过程 ● 促进当地对可持续的理解
		公众参与	● SEA 过程中开展公众参与,信息分享 ● 将公众意见纳入决策制定过程
		早期介入	● 确保 SEA 的早期介入 ● 促进 SEA 的不断提升
		效果与效率	● SEA 提供科学合理的建议 ● 时间资源的利用最大化
	方法	筛选分析	● 确定是否开展 SEA,确定 SEA 的目标
		现状调查分析	● 调查分析环境现状以及环境问题
		环境影响识别	● 确保识别主要的环境影响
		环境影响评价	● 确保评估主要的环境影响
		监测和审查	● 确保 SEA 的审查和后续监测工作

输入 输出		评价指标	评价目标
投入 质量	报告	规划决策环境 环境现状介绍 评价方法和结论	● 确保提供真实可靠的信息和数据 ● 保证结果的科学性 ● 整合现有的环境数据和信息
		SEA 报告规范	● 与决策者和公众交流
产出 效果	直接 产出	对规划/政策的影响	● 对规划的内容有影响
		SEA 目标的可达性	● 完成 SEA 本身的预期目标 ● 完成 SEA 对持续性/环境的预期目标
		对决策的影响	● 影响决策制定
		对环境质量的改善	● 改善环境质量

环境影响评价是决策制定的辅助工具,其直接目的就是有助于决策的制定,近年来一些研究人员开始关注环境影响评价的"非直接影响",即除了辅助决策的制定之外的价值。但是这些非直接影响更难以界定,且影响只有通过中长期才能体现出来。"非直接影响"的相关研究主要关注以下几个方面[82-87]:

● 利益相关者和相关组织学习"环境知识"
● 决策制定者的环境意识增强
● 环境价值、规章和发展优先权的改变
● 信息的收集和共享

当前环境影响评价面临的挑战是如何将环境影响评价由传统的决策辅助工具的定位中扩展到其他影响方面。环境影响评价有效性的判断应该包含不同的影响效果。将来环境影响评价的研究应更注重识别扩展评价的非直接影响,这样才有助于实现长远利益,保证社会的可持续发展。

2.2 前期研究与实践对于解决有效性问题的积极作用

国际上对环境影响评价有效性评估框架的研究特点如下:

(1)主要针对环境影响评价有效性的概念内涵、程序进展、评价标准以及评估方式等进行了探讨研究。有关战略环境评价有效性评估的实证研究较少且大都局限于战略环境评价的实施情况、评价内容、评价过程以及质量评价，即对环境影响评价报告书的评估。

（2）近年来，研究人员逐渐由对战略环境评价质量的评估深入到战略环境评价的价值评估，即对战略环境评价的实施是否实现了其开展的意义和目标，包括将战略环境评价纳入规划决策制定的过程中、战略环境评价对规划决策制定过程的影响和辅助作用、战略环境评价对规划决策内容的影响和完善作用等方面。并尝试性地提出评估战略环境评价有效性的标准和框架。

（3）对战略环境评价开展的制度法律和文化背景的研究逐渐增多，研究认为有效可行的战略环境评价依托于有效的制度和社会背景以及完善的法律规章。

（4）国际上战略环境评价有效性评估一般采用定性的评价方法，已有的定量评估主要是针对战略环境评价编制文件，对过程程序进行评估，缺乏从整体和系统的角度进行有效性评估。

国内外战略环境评价有效性研究与实践对推进战略环境评价有效实施以及探寻战略环境评价的困境起到了积极的促进作用，表现在以下三个方面：

（1）战略环境评价有效性理论的提出，表明学术界和公众等对目前战略环境评价构成体系及发展模式、效果进行反思和判断，从不同视角探讨战略环境评价有效性的表现方式和评估方式，战略环境评价有效性的研究突破了战略环境评价孤立于决策系统的片面性，将战略环境评价的效果、效率以及质量等议题置于不同的研究范畴中，旨在辅助建立可持续的、与环境和谐的决策模式和推进可持续发展。这表明人类从更深层次对战略环境评价问题有了一个更为科学的认识。

（2）以战略环境评价有效性评估标准为基础，提出质量评估、目标效果评估等有效性评估模式框架，研究战略环境评价在决策制定过程中的作用以及实施过程等内容，为深入探究影响战略环境评价有效性的因素以及推进战略环境评价有效实施等提供了可行的研究分析切入点。

（3）从区域、行业领域等角度出发，通过问卷调查、专家咨询访谈或技术报告的统计分析等方法探究特定国家（如英国、意大利等）或发展领域（如交通规划、土地利用规划、空间发展规划等）战略环境评价的有效性，注重"战略环境评价技术报告质量→程序过程→目标效果"的评估方式，这为分析我国战略环境评价有效性提供了理论基础和研究的支撑点。

2.3　前期研究存在的争议问题与尚未解决的问题

根据以上研究综述，战略环境评价有效性研究主要从以下几个方面切入：首先，前期研究认为有效性影响因素可以从制度、管理和技术等方面考量；其次，有效性评估标准多样化且尚没有统一的标准，其中以战略环境评价程序评估和对决策效果评估为主；再次，研究方法以定性专家咨询法为主，定量的方法以问卷调查统计分析为主；最后，实践研究多以欧洲国家或专业领域的战略环境评价法律、质量评估为主。

分析可见，战略环境评价有效性的研究取得了积极的成果，学者从多个角度对有效性提出质疑并对其效果进行判断研究。但是战略环境评价有效性评估的理论基础涉及战略环境评价的本质、功能、结构体系以及有效性评估的流程和方法等。当前战略环境评价的有效性研究，尤其是我国战略环境评价的有效性，仍存在有待厘清和解决的问题，主要包括以下几点：

（1）战略环境评价有效性内涵和功能界定问题

前期研究对战略环境评价有效性的理解存在争议，如在有效性内涵的界定方面，有的学者认为作为一种技术程序，战略环境评价的有效性即表现在其自身的技术完备程度以及有效的执行过程；有的学者认为战略环境评价不仅仅是一种技术手段，其还可以作为决策辅助的工具，体现对决策的作用等方面。当前研究成果尚未深入对战略环境评价有效性深层次的问题进行系统深入的探索，如战略环境评价有效性的本质属性，包括战略环境评价的内涵解析、有效性的逻辑与维度等。

此外，探讨战略环境评价的有效性，首先应对其进行功能定位，学术界对战略环境评价的功能特性存在争议，战略环境评价既作为一种制度存在，也作为一种技术评价工具存在，对其功能的认知包括"技术评价（方法）""管理工具""决策辅助工具"等不同界定方式，但当前研究成果缺乏对战略环境评价功能定位展开系统、深入的探讨。

前期战略环境评价有效性的研究缺乏完整的有效性理论框架，没有准确地把握 SEA 有效性研究的逻辑起点以及对战略环境评价有效性系统整体的分析研究。因此，战略环境评价有效性研究进一步解决的首要问题，就是突破战略环境评价功能和有效性认知的局限性，全面阐释战略环境评价有效性的科学内涵、系统结构体系、内部交互作用和外部功能属性。

（2）特定制度环境下战略环境评价有效性剖析及问题诊断

对于我国与其他国家来说，尽管战略环境评价的理论具有相同的大背景，即在全球经济发展与资源环境的矛盾冲突的背景下，呼吁并逐步践行社会、经济和环境的可持续发展。但是，各国所处的工业发展阶段和政治制度背景不同，所面临问题也不尽相同，战略环境评价有效性评估理论及其应用模式也不能一概而论。对于我国战略环境评价的发展，本书对此问题的认识是：应立足于具体社会经济政治制度背景，基于战略环境评价发展特点与决策环境问题，将其与决策制定过程有机结合，对当前我国战略环境评价进行剖析和问题诊断，探索影响我国战略环境评价有效性的制度、管理和技术性等问题，识别出战略环境评价有效性的关键因素及机理，是战略环境评价更好地服务于可持续发展实践的重要前提。目前战略环境评价的研究缺乏以系统论视角来审视战略环境评价在发展中面临的问题，缺乏对不同理论分析层面（如宏观、中观、微观）内在联系的探讨，即尚无一个内在一致的理论分析框架。

与国外战略环境评价有效性研究成果相比，我国战略环境评价有效性研究有以下特点和不足：

①我国目前所开展的环境影响评价有效性研究大多集中在项目环境影响评价层面的有效性研究，重点研究单个要素对有效性的影响，而针对不同层次的要素实施分析方面，存在着较大的不系统性和片面性。对战略环境评价有效性研究的开展时间较晚，研究着重于规划层面环境影响评价如何有效开展，从制度和管理层面展开探讨，对评估规划环境影响评价有效性的研究鲜见报道。

②已有的研究对战略环境评价有效性的概念界定不清，研究主要集中于对规划层面环境影响评价报告书的技术评估，即通过对多本报告书的比较总结，从规划环境影响评价的程序方面入手，研究报告书质量和规划环境影响评价过程的有效性，缺乏从整体角度上系统分析规划环境影响评价是否实现其目标以及规划环境影响评价价值的有效性。

③缺乏对战略环境评价有效性评估指标体系的系统研究和评估方法的研究。已有的个别有效性评估的研究中，直接引用国际上提出的一些评估指标体系，且指标体系较为单一，主要评价规划环境影响评价对《规划环境影响评价技术导则　总纲》的遵循程度，即规划环境影响评价程序上的指标。没有针对我国的制度背景和战略环境评价的发展阶段，也没有考虑战略环境评价不同类型（规划环境影响评价、政策环境影响评价）的差异等因素，对战略环境评价有效性的系统性和整体性的研究仍缺乏探索。

④缺乏国家和行业层面上战略环境评价有效性的研究。自 2002 年《环评法》出台以来，我国战略环境影响评价正式实施已十年有余，评价范围较广，涉及"一地、三域、十个专项"等规划。但是当前研究缺乏从国家层面或者行业层面上对战略环境评价的执行过程和实施效果展开评估。

（3）战略环境评价有效性评估模式与评估方法的选择

当前我国对环境影响评价有效性的研究主要集中于项目环境影响评价，评估方法多以定性评价为主，评估方式主要基于报告书的统计分析。对战略环境评价有效性的评估模式和评估方法缺乏系统深入的研究。

对比国内外战略环境评价有效性研究进展，不难发现，我国战略环境评价的研究尚未多层面铺开，在研究的深度和广度上都与国外成果有一定的差距。因此，我国当前亟须加强战略环境评价有效性的研究，探索优化战略环境评价有效发展的路径。本书将就上述提及的问题开展系统的研究和分析。

第 3 章
战略环境评价有效性的内涵与功能定位

3.1 有效性的内涵解析

3.1.1 有效性概念解析

有效性具有特有的内涵,对有效性概念的考察,必然会涉及效率、效能、效益,但并不是这些概念的重新组合。有效性与效率、效能、效益有一定的关联,但在本质上存在着联系与区别,下面对涉及有效性的几个概念进行阐述:

3.1.1.1 效率

效率(efficiency)广义上即通过某种方法和手段的变革使实践产生效果的过程大为缩短,从而增加单位时间内活动效果的获得。管理学角度定义效率是指在特定时间内,组织的各种收入与产出之间的比率关系。经济学角度定义效率为生产或者提供服务的平均成本,经济学家萨缪尔森对效率的定义为"当经济在不减少一种物品生产的情况下,就不能增加另一种物品的生产时,它的运行便是有效率的",这个层面的有效性意味着各要素在实践或者应用的过程中所有的投入(包括时间、物力、精力、财力等)要符合"经济原则"或"节约原则"。传统上的认知是通过减小成本的投入能增强有效性。由于各要素之间存在着错综复杂的关系,通过简单的成本控制并不一定能有效地提高效率。

有效性与效率有一定的联系。实践活动如确保有效,需保证其产出与投入比率大于1。然而有效性与效率并不等同,效率一般表征相应关系的量的方面的标示或相应实践活动状态方面的描述，强调达成目标进程之中的具体状态，其本身并不构成相应实体所具有的属性，不存在价值维度的预设[88]。而有效性不同于效率，效率是有效性的前提，有效性强调组织目标实现的程度，揭示实践活动的产出与相应主体之间所存在的肯定性价值关系。

3.1.1.2 效益

效益（benefit）是指效果和收益，关注产出与投入之差。效益包含活动的客观属性，即活动目标、活动收益、活动价值的实现。效益主要针对实践活动的结果，描述结果与目标的吻合程度，强调结果对社会贡献的增量和结果的正面效用与实践价值。有效性与效益在结果意义上较为相近，但从实践手段作用于实践目标和价值意义而言，效益无法替代有效性。

3.1.1.3 绩效

绩效（performance）是指管理活动的结果，关注结果与目标的接近程度。从字面上理解，"绩效"即"成绩"和"效果"。从管理学的角度看，绩效是期望的结果，是为实现目标而表现为不同层面的有效输出。强调的是活动的行为和结果，关注的是结果的好坏及效果的有无，强调对结果与预期评估目标吻合程度的评价。

3.1.1.4 有效性

从评价理论来看，所谓评价，一般是指按照明确目标测定对象的属性，并把它变成主观效用（满足主体要求的程度）的行为，从这个角度来看，"有效性"（effectiveness）属于一种价值属性，即明确价值的过程，以客体实践活动的结果是否符合主体需求为依据进行判断。有效性表现为特定实践活动及其结果所具有的相应特性，其通过主体需求得到满足表现出来。离开了实践活动及其结果的价值关系，有效性将无从谈起[89]。价值关系通常表现为客体在满足主体需求过程中构成的主客体间的关系（图 3.1）。价值的确立主要取决于客体的特定属性，同时也依赖于主客体间的关系构成。

图 3.1　价值关系

一般而言，有效性包含两个维度：一是实践活动是否产生现实的影响效力；二是实践活动产生影响效力的程度。前者是有效性"质"的问题，旨在判定有效性的有无。后者是有效性"量"的问题，旨在判定有效性的大小。任何一种制度、工具都会对社会产生一定的现实影响，区别在于这种影响程度的强弱、影响性质的正负、影响形态的隐显、影响状态的动静。对社会经济完全不产生现实影响的制度几乎不存在，因为这种制度要么不会出现，要么趋于消失或者转变为一种新的有效制度[90]。

通过对有效性内涵的文献梳理可以得知，学者主要从结果角度来理解和界定有效性的含义，即从功能的实现程度角度界定有效性。美国学者利普赛特认为有效性是指"实际的效果，即在大多数人眼中能够满足基本功能的程度"[91]。经济学理论则是以是否促进了经济绩效来衡量有效性。但是，从结果维度界定分析有效性不能完全揭示出有效性的内涵，比如有效性的实质是什么？推动有效性的因素有哪些？这就要寻求从另一个维度来解决这些问题，即达到这一结果背后的过程以及原因。

战略环境评价有效性不单是指其所产生的效果，更包含为环境状况改善和规划改变所投入的成本因素，是体现效率的一个概念。战略环境评价有效性是一种表现行为，也是一种行为结果，可以是过程行为，也可以是终结行为，其实质是目标的实现程度。效率和效益与投入有着直接的关系，而绩效与投入的关系则不太直接，它关注的是战略环境评价取得的结果与目标的接近程度。

3.1.2　有效性概念的现实应用

从人类有效性意识的发展和完善的过程中，提炼出实践活动的有效性应该把握两个基本内涵：一是任何实践活动的有效性首先应该表现在结果的有效性。通常来说，有效性评估的落脚点也反映在结果的有效性上[92]。二是有效性要以需求为目的，如果只关注结果的有效性，可能忽略导致过程中的潜在影响，因此，对有效性的探讨应注重过程、诸要素、不同条件等对结果的有效性问题，在此基础上研究有效性产生和实现的基本规律[93]。

当前学术界对有效性概念的使用主要集中在制度领域的有效性、政策的有效性以及管理工具的有效性等方面的研究。

关于制度有效性的研究，在政治学界，学者对制度有效性的研究主要侧重于结果维度，即从制度功能的实现以及实现程度界定其有效性。经济学理论也经常用某一制度是否促进了经济绩效来衡量该制度的有效性。美国学者奥兰·扬[94]（Oran Young）认为制度的有效性可以从其是否执行、执行效果以及是否具有在时空范围内具有可持续性等角度加以衡量。

对于法律有效性问题的讨论，广义上的有效性又称为法律的有效性或规范的有效性，包括规范的有效性、规范的实效性和规范的可接受性等。主要涉及以下几方面：第一，法律自身要求被遵守并存在保障法律得到遵守的机制或者措施（法律应当有效）；第二，法律总体上得到大部分民众的认可（法律的实际效果）；第三，部分民众将忠于法律看作良心的准则（道德上的公正）。

对于政策有效性的研究，国外学者主要从实证分析和理论规范分析的角度对财政或者货币政策有效性进行了较为深入和全面的专门研究。研究认为财政政策的有效性表现在政策的制定和执行能否使财政收入增加，使财政支出和收入的结构趋于合理。国内学者对财政政策有效性的研究主要侧重于支出效应分析，即财政政策能否使得财政支出获得最大的效应。由此可知，政策有效性也与其功能发挥水平密切相关。

3.2　战略环境评价有效性的内涵

关于战略环境评价有效性的概念和内涵，国际上尚没有统一的看法。Sadler[14]提出环境影响评价有效性的三个维度：①目标有效性（环境影响评价过程是否实现了预期目标，即环境影响评价目标的可达性，如提出减缓和适应环境影响的措施并为决策者所采纳）；②程序有效性（环境影响评价对导则法规的遵循程序以及评价过程的有效性）；③绩效（transactive）有效性（时间-成本-效益，即环境影响评价是否以较短的时间和尽可能小的成本完成评价）。通过评估环境影响评价的过程和效果判定其有效性。

国内研究专门针对战略环境评价有效性的探讨主要集中于战略环境评价的技术报告，着力于战略环境评价的质量和程序等方面，而从战略环境评价所产生的效果、战略环境评价所处的制度、社会与经济背景等方面的探讨鲜有涉及。但研究对环境影响评价的有效性尝试了一些有意义的探讨，由于战略环境评价是在环境影响评价的基础上演变而来，对环境影响评价有效性的探索在一定程度上能反映出战略环境评价的有效性的内涵与本质。

环境影响评价的有效性主要从制度和技术方面进行界定，如栾胜基等[95]从环境影响评价有效性的制度属性展开探讨，认为环境影响评价的制度特征表现在具有指导意义的法律法规体系、有效协调环境影响评价工作程序以及其与利益相关方关系的管理体系、保证环境影响评价制度顺利实施的社会环境等方面。制度有效性需要从环境影响评价法律法规体系、管理体系、社会环境等方面的建设加以提高改进，强调宏观领域的能力建设。环境影响评价的技术特征属性主要表现在环境影响评价的评价方法与技术、报告书质量、评价主体的能力以及评价效率等方面，这些特征确保环境影响评价在影响识别、影响预测和影响评估等过程的有效性。技术有效性则更侧重于提升评价主体的能力建设，完善评价技术方法，属于微观领域的能力建设。制度有效性是技术有效性的基础，同时技术有效性制约着制度有效性的发挥。

陆书玉等[96]将环境影响评价有效性归纳为四个层次：①制度层次：环境影响评价制度按照法律规章有效开展，执行效果与预期目标的一致性；②管理层次：协调环境影响评价技术部门与政府部门、利益相关方间的关系，确保环境影响评价建议和措施得以实施；③技术层次：提高和改善环境影响识别、筛选、预测和评价方法，确保评价结果的科学性和有效性；④具体建设项目环境影响评价层次：确保建设单位在其项目或者规划中考虑环境因素，减少项目可能对环境的影响。

于连生等[31]认为环境影响评价的有效性表现在环境影响评价执行效果与预期目标的一致性。其从实践性、目的性和指导性原则阐述了环境影响评价有效性的概念，从管理学角度提出环境影响评价有效性包括政策法规有效性、管理机制有效性以及技术措施有效性。并进一步研究了环境价值核算对环境影响评价有效性的影响，认为环境影响评价有效性不应只被看作环境影响评价制度本身的"完善"与"健全"，而要看它的实际效果与预期目标的一致性。

另外，从系统的角度来考察环境影响评价有效性也开始受到重视，如田良[97]认为环境影响评价有效性是系统性问题，涉及政策法规子系统、实施环境子系统、技术支持子系统、人员结构子系统；同时，其影响因素也是多方面的，包括制度特点、管理机制、组织结构、技术水平等。

总体而言，环境影响评价有效性主要体现在三个维度：一是理性维度，即环境影响评价和决策过程是否合乎理性；二是结果维度，即环境影响评价的目标是否在于影响决策的制定；三是可持续性维度，即环境影响评价与可持续发展的关系。一些研究将环境影响评价看作可持续发展的重要组成部分[98-99]，即环境影响评价可提高社会的可持续性。Cashmore[100]提出将学习成果（社会学习，如提高公众的环境意识等；技术学习，如信息数据的收集与处理、对技术方法的学习掌握；科学学习）、管理成果（相关利益者参与、网络的发展）、发展成果（决策选择和决策制定）、价值观的改变等因素作为衡量环境影响评价对可持续发展的作用。但是，由于可持续发展是一个持续的过程而非确定的目标，且可持续发展理念主要涉及决策层面而非项目层面，因此该理念在环境影响评价有效性评估时极少涉及。

3.3 战略环境评价的功能定位

战略环境评价如何被正确合理地组织运用并发挥出最大效能，从根本上决定了战略环境评价的地位和作用，而这无疑是战略环境评价系统关注的重要内容。首先需要指出的是，本书认为"功能定位"是一个复合结构词，之所以功能在先、定位在后，本质上反映的是在清楚"是什么"和"为什么"的基础上，才能探求"做什么"和"怎么做"。鉴于此，本书将"功能—定位"的一般逻辑扩展为"制度—功能—定位"，战略环境评价的功能定位问题是关乎制度实施系统能否高效有序运转，从而影响整个制度系统的关键。为此，需从理论高度和发展全局对战略环境评价制度实施系统进行审视和优化。从探究战略环境评价制度环境与制度安排的本质与特性出发，循序渐进地探究战略环境评价功能定位。

3.3.1 战略环境评价制度系统解析

在我国特定制度环境的影响和制约下，首先需要明白战略环境评价制度系统的特点，从而探讨我国战略环境评价发展面临的主要问题及影响因素，在此基础上提出优化我国战略环境评价发展的基本思路与途径，这即成为本书主体分析的出发点。

3.3.1.1 战略环境评价制度系统概述

对于"制度"的理解，现代汉语词典中，"制"可理解为有节制、限制，"度"有尺度、标准的意思，二者合意"制度"的解释为："在一定历史条件下形成的政治、经济、文化等方面的体系，是要求大家共同遵守的办事规程或行动准则"［参见现代汉语词典（2013 年版）制度词条的有关解释］。一般而言，制度的核心与本质表现为"规则"，是一定约束下的激励机制的组合。

现代系统论认为，制度是由不同要素构成的系统，而不仅仅是规则的集成与组合[101]。环境影响评价是制度系统的一种，前者的内涵和外延必然蕴含在后者之中。制度是一个复杂的系统，系统内部包括多个相互作用和联系的制度规则，以一定逻辑关系和功能导向为纽带而有机联结起来,为实现某种功能而相互协同,形成一个有机的整体。对制度系统的全面把握需要从动态和静态两个方面对其加以审视,一方面从静态上把握制度系统的构成要素和层次架构,另一方面从动态上把握制度系统是如何实现有效运行的。

按照系统论的观点,任意一个制度是由不同要素构成的系统。制度系统的结构主要包括 4 个要素系统:目标价值系统、规范表达系统、组织系统和管理保障系统。战略环境评价制度是一个结构系统,其要素系统体现为以下几个方面:①目标价值系统,即战略环境评价的目的和要求,目标系统决定了战略环境评价的性质,规定了其运行和发展的方向,是系统的灵魂所在。②规范表达系统,指的是制度的要求通过何种方式来表达出来,如可以通过条文规则、法律法规等表现,对于战略环境评价而言,则为用以约定战略环境评价的原则、法律规范和程序。规范表达系统服务于目标系统,体现目标系统的精神实质。③组织系统,主要指实现、贯彻和执行战略环境评价系统的组织或社会主体,包括环保主管部门、规划主管部门、评价咨询单位等机构。组织系统与规则系统的协调和认同程度决定了目标系统的实现程度。④管理保障系统,主要是指战略环境评价得以规范、约束的保障机制[102]。

制度系统的层次性表现为一个制度系统的各项制度从总体上看构成一个层级系统(图 3.2)。对于战略环境评价而言,目标价值系统作为第一层次,是规范表达系统构建和制度实施保障措施的逻辑起点,而规范表达系统和管理保障体统属于战略环境评价制度系统的第二个层次,共同作用于组织系统所代表的部门与主体。

图 3.2　战略环境评价系统的层次性

由以上对战略环境评价制度系统结构和层次的分析可以看出,战略环境评价系统如要确保有效运行,需在明确战略环境评价目标价值的基础上，对不同系统，如相关规范、组织行为以及管理保障体系进行不断完善和提高。战略环境评价不同系统间存在着内在的逻辑联系，探求不同系统以及系统内部不同因素对战略环境评价有效性的影响，也是战略环境评价需要解决的关键问题。

需要说明的是，系统不是孤立存在的，其存在于特定的环境背景下，受外界环境与内在运行机制的影响。因此，探讨战略环境评价的有效性，除分析战略环境评价制度系统本身所具有的结构和层次外，在此基础上，还应对影响战略环境评价系统的内外激励约束进行分析，即影响战略环境评价有效实施的外部环境与内部制约机制。

3.3.1.2 战略环境评价制度结构分析

本书认为，战略环境评价制度系统的演变 S 应由制度变迁系统 S_1、制度实施系统 S_2 和制度创新系统 S_3 等 3 个子系统啮合而成（图 3.3），其中，制度变迁系统 S_1 构建了战略环境评价产生和发展演进的基本模式，在战略环境评价制度系统中具有基础性地位和作用；制度实施系统 S_2 决定和影响了战略环境评价的实施范围、程度以及实施过程中的问题；制度创新系统 S_3 即战略环境评价制度系统的提高和改善机制，表达式为 S = S（S_1，S_2，S_3）。战略环境评价制度系统的三大子系统以低层次向高层次上升的规律为运行原则，协调一致地促使战略环境评价制度系统不断向前发展演进。

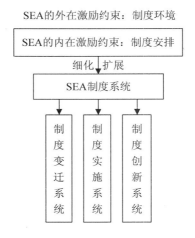

图 3.3　战略环境评价的制度系统

　　基于上述分析，战略环境评价需要解决的三大基本问题是（图3.4）：第一，我国战略环境评价的实施现状和困境；第二，我国战略环境评价的有效性问题；第三，我国战略环境评价有效发展的路径及方向。本书认为，战略环境评价的三大基本问题与战略环境评价制度系统的三大子系统存在某种内在联系，影响和制约战略环境评价发展的问题与障碍，会影响战略环境评价制度系统的有效运行，反之亦然。三大基本问题折射出来的重点和实质，可以根据战略环境评价制度系统三大子系统的不同内涵加以分析：针对第一个问题，需要在战略环境评价制度变迁的过程中追根溯源、分析战略环境评价制度演变等问题；针对第二个问题，需要重新审视战略环境评价的角色和效果，在制度实施系统中，主要分析战略环境评价制度被组织、执行情况及效果等，关注的有效性问题；针对第三个问题，在学习借鉴国外有益经验和做法的同时，立足我国现状，对战略环境评价发展做出前瞻性的预判，提出战略环境评价的发展路径。这也是本书第 4 章需要解决的问题。

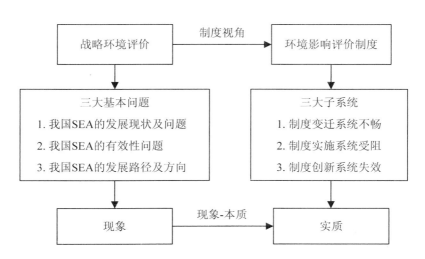

图 3.4　战略环境评价三大基本问题

3.3.1.3 战略环境评价制度系统内外激励约束分析

制度系统是建立在制度环境和制度安排①相联系的逻辑基础之上的,即制度系统是在既定的制度环境中由不同的制度安排细化和扩展而来。因此,探究战略环境评价制度系统的一个重要步骤是考察其外在激励约束(制度环境)与内在激励约束(制度安排)。由于制度环境对制度安排的性质、范围和进程有一定的决定作用,同时制度安排对制度环境产生相应的反馈作用,因此战略环境评价的内外激励约束具有内在一致性,这样才能确保有效运行(图 3.5)。本书下文将就战略环境评价制度系统的内外约束做具体阐述。

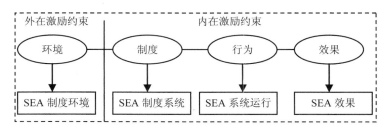

图 3.5 战略环境评价的内外激励约束

(1)制度环境

一般而言,制度环境是指实践活动的社会背景,由其所处的政治、社会及其法律等体系构成。本书认为,战略环境评价制度环境应包括制度系统所处的经济环境、文化环境、法律环境等为主要内容的制度集合。

从经济环境来看,我国改革开放以来 30 多年的大规模工业化和城市化,走的是一条高投入、高排放、低产出的粗放式发展道路。随着经济全球化进程的深化,重经济发展、轻环境保护的发展模式导致当前环境问题突出。而多数政府以 GDP 作为主要政绩标准之一,领导干部环境保护意识有待增强,对环境影响评价纳入决策过程的重视程度不够,一定程度上将环境影响评价看作经济发展路上的绊脚石。

---

① 制度环境是指实践活动的社会背景,由其所处的政治、社会及其法律等体系构成。制度安排是制度的基本单位,是在某一特定范围或领域内规范人们行为的具体规则。引自:李志强,制度系统论:系统科学在制度研究中的应用,中国软科学,2003(4):149-153。

从文化环境看，我国环境影响评价的教育投入不够、普及水平有限，将环境影响评价纳入决策制定过程中的观念未深入人心，导致环境影响评价难以在整个规划决策层面与其产生互动耦合。除此之外，与欧美发达国家相比，公众的环境保护知识相对滞后，对环境影响评价的认识不足，可能引致对环境影响评价有效需求相对不足。

从法律环境看，自 2002 年《环评法》颁布以来，环保部以及相关行业主管部门（如交通运输部）陆续制定了关于规划环境影响评价发展的规章制度，基本上构建起了规划环境影响评价发展的框架体系，但行业规划环境影响评价以及行业技术指导等配套制度表现出滞后和缺失，其政策法规仍有不少亟待健全完善的地方。

（2）制度安排

制度安排是制度的基本单位，是在某一特定范围或领域内规范人们行为的具体规则[103]。本书认为 SEA 的制度安排呈现出三个层次性特点，表现为基础性制度安排（第一层次）、支撑性制度安排（第二层次）和功能性制度安排（第三层次）（图 3.6），三个层次有机组合排列而成，由此形成金字塔形的结构形态。

图 3.6　战略环境评价制度安排层级结构

对于第一个层次，基础性制度安排即战略环境评价的法律基础，2002 年颁布的《环评法》属于战略环境评价的基础性制度安排，奠定了包括规划层次战略环境评价的法律地位，为环境保护参与综合决策提供了坚实的法律保障。对于第二个层次，2009 年颁布的《规划环境影响评价条例》为规划层次战略环境评价的开展提供了可操作性的法律依据，为环境决策融入政府宏观决策提供了制度抓手。而《专项规划环境影响报告书审查办法》《环境影响评价审查专家库管理办法》《编制环境影响报告书的规划的具体范围（试行）》《环境影响评价公众参与暂行办法》等一系列规章制度，则起到相应的配套和补充作用。对于第三个层次的功能性制度安排，《规划环境影响评价技术导则　总纲》和《开发区区域环境影响评价技术导则》等涉及业务操作和技术规范的相关章程，保障和促进着战略环境评价制度的有效发挥。

三个层面的战略环境评价制度安排，从不同角度和范畴界定了不同专项规划层次战略环境评价的实施范围和技术指导，在激励或约束战略环境评价的同时，有效地促进了规划层次战略环境评价的顺利开展。

（3）制度环境和制度安排的相容性

一般而言，法律环境对战略环境评价制度安排选择的约束是直接和强制性的，而经济环境和文化环境对其的约束则是间接和非强制性的。因此，战略环境评价的发展须考虑制度环境对其的影响和制约，从长期来看，制度环境与战略环境评价制度安排之间呈现出一种交互关系，因为当前者对后者产生激励与约束时，后者也会对前者产生一种反作用力或反馈作用。因此，当战略环境评价与其制度环境相容时，才有可能产生较好的效果。由此可见，战略环境评价只有在相应制度环境下才有意义，选择与制度环境相容的发展模式，是提高战略环境评价发展水平与效果的重要途径。

3.3.2　战略环境评价功能定位分析

3.3.2.1　战略环境评价的定位解析

目前，理论界对战略环境评价基本概念和产生背景的理解主要包括以下几种：

（1）"系统说"。该学说强调战略环境评价作为一项制度所体现的系统性，认为战略环境评价就是对拟议政策、规划和计划进行环境影响评估的系统过程。系统说注意到了战略环境评价制度的系统性，但缺陷是对其本质特征的阐述。

（2）"过程说"。该学说认为战略环境评价是一个完整的技术过程，即战略环境评价从环境承载力等方面入手，分析、预测与评价拟定法律、政策、计划和规划的环境影响。注重战略环境评价的操作程序与技术方法，但对所产生的结果与效果并不关注。

（3）"介入说"。该学说强调战略环境评价纳入决策和规划的制定过程中，认为战略环境评价是为了辅助决策的制定，通过不同方案间的协调和平衡，使决策更注重环境保护与经济发展的关系，体现出决策的科学性和持续性。强调战略环境评价在决策制定中的全过程参与。

（4）"应用说"。该学说认为战略环境评价是环境影响评价在战略（法律、政策、计划和规划）层次上的应用。主要是将项目环境影响评价理念、方法和过程应用到规划环境影响评价中。该学说意识到开展战略环境评价的必要性，但是忽略了其与项目环境影响评价在评价目的和评价过程中的差异性，忽略了战略环境评价过程中的不确定性。

以上战略环境评价的相关分析主要探讨当前学术界对战略环境评价概念的分解。可以看出上述对战略环境评价的认识主要停留在战略环境评价本身应用及其操作过程等方面。但是对战略环境评价的理解应包括两个方面：一是对战略环境评价工作内容和过程进行描述；二是对战略环境评价的本质的概括，如现有的理论将战略环境评价看作是"活动""技术过程""环境管理工具""决策辅助工具"，认为战略环境评价是一个预测评价的过程。我国《环评法》对环境影响评价的定义为："指对规划和建设项目实施后可能造成的环境影响进行分析、预测和评估，提出预防或者减轻不良环境影响的对策和措施，进行跟踪监测的方法与制度"，从这个概念上来看，我国主要将战略环境评价定位为一种"科学方法"和一项"制度"。当前理论界对战略环境评价的定位主要包括以下两种：

（1）战略环境评价在发展的早期主要被认为是一种技术性操作，被视为一种科学方法，或者说是一种技术手段。它通过综合运用多学科方法，分析、预测拟实施决策或者规划活动对环境可能产生的影响，提出预防或减轻环境污染与生态破坏，且论证经济技术可行的环保措施。有效的战略环境评价需要应用最新科技理论与成果去认识、分析和解决可能的环境问题。

近年来，随着环境问题的不断加剧、环境保护需求日益增加、人们环境意识的逐渐提高，使得战略环境评价的实施出现了一些新的进展，例如：越来越多的组织和公众逐渐接受环境影响评价的观念，同时战略环境评价过程中涉及更多的社会政治因素，如多政府部门参与讨论战略环境评价，战略环境评价的评价过程和结果受到相应的社会和政治因素的影响等。这些改变促使战略环境评价在开展过程中重视公众参与的深度和影响力，与政府部门的沟通显得极为重要。这样一来，需要对环境影响评价单纯作为一种技术工具的传统看法做出相应的改变。

有学者认为，战略环境评价的目的是影响评价，决策者是否考虑评价结论和建议与战略环境评价过程无关，但是战略环境评价的最终目的不仅仅是影响评价，战略环境评价旨在通过环境评价，改善决策的质量，使决策更为科学和可持续性。因此，政治决策和战略环境评价过程之间相互联系，这就需要探讨战略环境评价和政治决策的关系。因此，战略环境评价不仅仅是一种技术操作工具，其中还融合了公众参与、管理监督和决策过程等众多因素。

（2）在战略环境评价的进一步发展中，其涉及复杂的社会经济背景，内涵重新彰显，需要对其进行重新和更为深入的认识。《环评法》实施后，我国更加注重战略环境评价在环境管理中的实际作用和管理过程，被视为一种管理和决策的过程，通过战略环境评价过程，科学分析决策或者规划活动产生的环境影响和风险的程度，提出优化区域布局、产业结构和经济规模的调控建议。战略环境评价过程是一个判定影响和风险能否接受的价值判断过程，需要正确认识发展与保护的辩证关系，应用管理与统筹科学的基本原理做出最优决策。离开科学性，战略环境评价就会丧失了基本价值功能，作用的发挥更无从谈起。

国际上一般把战略环境评价看作一项环境管理的法律和行政制度，这其中包括三个方面的内涵，即将战略环境评价视为一种管理手段、法律制度以及行政制度。战略环境评价的法律化、制度化是加强其权威性和规范性的重要措施。

综上所述，长期以来，战略环境评价主要在技术方法和环境管理的范畴内发展。在功能界定中，主要将其看作一项具体的环境管理制度和专门的技术工具。在应用和实践中，主要将其看作一种具体的技术过程和辅助决策的手段。战略环境评价的理论研究和实践开展中也主要着墨于战略环境评价技术方法的提高、应用范围的扩展以及管理制度的完善等方面。在技术层面上，主要探讨不同技术方法在战略环境评价中的应用以及战略环境评价工作程序的完善和改进。在管理层面上，主要研究如何通过法律、管理机制以及组织部门等方面完善战略环境评价体系。当前，很少有定义强调战略环境评价的价值属性，如评价的重要性和评价是否可以接受等基本原理内容（战略环境评价基本原理的探讨应立足于人与环境系统，分析战略环境评价的地位、作用、结构、功能等，这是对战略环境评价本质的鸟瞰和透视，体现出战略环境评价的总体面貌）的研究。这反映了学术界研究者看待战略环境评价的角度和层面不同。由于战略环境评价处于不断发展演变过程中，需要以一种动态和变化的观点解释战略环境评价。

除技术方法学视角和管理学外，从制度视角来看，环境影响评价制度是国家通过法定程序，以法律或规范性文件的形式确立的对环境影响评价活动进行规范的制度。制度要起到预期的作用，发挥预期的功能，不仅要制定得当，而且要有效地得到执行和运行。3.3.1 节对战略环境评价制度系统的分析得出，战略环境评价制度的有效运行应包括制度的运行环境、运行制度系统本身、制度运行的过程等[104]。战略环境评价制度的运行环境涉及战略环境评价所处的政治、社会、经济和文化等不同背景，通过政府、公众以及其他相关部门的社会行动和意识来约束或者激励战略环境评价的发展。

本书认为，战略环境评价系统反映出不同层面的结合：

（1）在技术层面上，战略环境评价通过一系列的工作程序和技术方法对拟议决策和规划的环境影响进行预测和分析评价，提出减缓和预防环境影响的建议和措施，同时，技术方法学层面上的战略环境评价包括各种专门的、具体的环境影响评价方法。在这个层面上，战略环境评价更多地被看作一种科学技术行为或者职业行为，主要通过评价机构开展的战略环境评价过程以及科研院所对战略环境评价技术方法的改进和应用等方式体现。参与主体包括战略环境评价的咨询评价机构和科研院所相关研究人员。

（2）在管理层面上，通过战略环境评价相关的法律规章、制度管理、审查及监督，完善战略环境评价的运行系统。管理层面的战略环境评价主要通过政府部门对战略环境评价的管理与监督来体现，参与主体包括环保部门、规划部门以及其他相关部门，属于政府行为。

（3）在价值判断和选择层面，通过战略环境评价的实施，判定其达到的目标和预期效果，即对战略环境评价的效果和发挥功能进行考量。近年来，规划部门、政府决策部门以及研究人员在一定程度上开始关注战略环境评价的价值以及战略环境评价的效果。

（4）在环境社会学层面上，环境社会学是关于人们环境行为的社会意义理解及其社会学阐释，环境与社会之间建立相互关系的中介是人们对环境所表现出来的行为和意识。Hannigan[105]在《环境社会学：社会构建主义的观点》中将环境意识、环境主张等看作是社会构建的产物，认为环境运动和环境关注是一种社会行为。对于战略环境评价而言，由于评价对象涉及规划、政策等战略决策，决策的利益相关者除包含政府部门外，普通公众也关注决策对其周边环境的影响，战略环境评价实践中参与的公共或者私人组织、专家学者、普通公众都在其中扮演不同的社会角色，战略环境评价过程中涉及上述不同人群的观点、技术、价值和利益，因此，战略环境评价事实上是一种环境社会行为，它围绕一种特定的活动将复杂的社会角色和程序组织起来。

通过上述分析可以发现，制度化战略环境评价是政府部门、评价机构、科研院所和社会相关人士相互作用的过程，是政府行为、科学技术行为、职业行为和社会行为的统一体，即战略环境评价不仅具有科学技术属性，同时也具有价值判断属性和社会建构属性。不仅可以从技术上提出可预测性、不确定性等问题，而且还可以从社会属性方面提出客观公正性、社会公平性和价值合理性等问题。因此，本书后续对我国战略环境评价有效性的剖析和问题诊断也主要从这几个视角出发。

3.3.2.2　战略环境评价的功能解析

由上文分析可知,战略环境评价被理论界和社会赋予了不同的含义和解析。由此引申出来战略环境评价所应体现的功能也不尽相同,本书认为,战略环境评价的"功能"理解应包括三个层次的内涵:一是战略环境评价本身所具有的功能;二是对战略环境评价功能的定位(需求),即人们对发挥战略环境评价各种功能的需求和重视程度,是战略环境评价被赋予的功能;三是战略环境评价功能的发挥,即战略环境评价所具有功能的最终的发挥效果和作用。图 3.7 是对战略环境评价功能层次的理解,具体阐述如下:

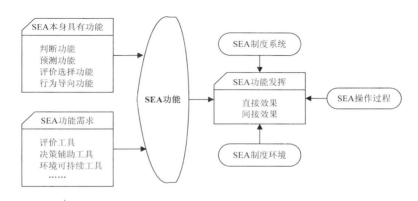

图 3.7　战略环境评价的功能解析

（1）战略环境评价本身所具有的功能

指战略环境评价作为一种技术工具所体现出来的功能。评价活动主要表现出判断功能、预测功能、评价选择功能以及行为导向 4 种基本功能,这 4 种战略环境评价本身所具备的基本功能定位主要来自以下哲学依据:

①判断功能。评价的基本形式之一,以人的需求为尺度,对已有的客体做出价值判断。通过判断,揭示客体与主体需要是否存在关系,以及存在程度如何。对于战略环境评价而言,即指通过判断,分析是否有必要开展环境影响评价以及开展的程度（如环境影响评价报告书、环境影响评价篇章或说明）。

②预测功能。评价的基本形式之二,以人的需求为尺度,对将形

成的客体的价值做出预测与判断。其特点在于其是在思维逻辑中构建未来的情景模式，并对这一情景与人的需求关系做出判断，达到预测的目的。人类通过预测功能确定实践目标，可以说，预测功能是战略环境评价基本功能中非常重要的一种功能。对于战略环境评价来说，指通过对政策或规划可能产生的环境影响进行预测与评估，分析政策或规划的环境效应，并提出相应的减缓措施。

③评价选择功能。评价的另一种基本形式，是将同样具有价值的客体进行比较评价，确定更有价值和更合理的客体，这是对价值序列的判断，也可以称之为对价值程度的判断。对于战略环境评价来说，即通过对不同替代方案的比较分析与评估，确定科学合理的备选方案。

④行为导向功能。评价最为重要且处于核心地位的功能，以上 3 种功能均隶属于这一功能。人类活动的理想是目的性和规律性的统一，确定的目标要以价值判断为基础和前提，而价值判断是通过对价值的认识、预测和选择等评价过程得以实现。可以说，通过评价确立合理的和合乎规律的目的，才能对实践活动进行导向和调控。对于战略环境评价而言，战略环境评价的目标是通过对替代方案的预测与评价，提出减缓不良环境影响的对策和措施，推动可持续发展。

综上所述，评价具有判断、预测、选择和导向 4 种基本功能，战略环境评价的概念、内容、方法、程序以及结果等均是依据这 4 种基本功能展开的。从另一个角度看，这也是衡量战略环境评价有效性的重要标准之一。

（2）对战略环境评价功能定位的需求

由上文分析可知，战略环境评价是政府部门、评价机构、科研院所和社会相关人士相互作用的过程，是政府行为、科学技术行为、职业行为和社会行为的统一体，不同机构和人群对战略环境评价的需求和定位不同（图 3.8），战略环境评价因此被赋予了不同的意义。

对于战略环境评价咨询机构，主要将其看作是一项环境影响预测与评价的技术分析过程，有效性反映在战略环境评价的技术质量上；对于规划部门而言，现行阶段主要将战略环境评价看作是一项规划辅助工具，一般在规划编制完成上报审批前开展战略环境评价，这种情况下，环境影响评价的最后落脚点只能是提出合适的改善方案，成为一个在社会行为末端和尾部的行为。规划部门对其的重视度不够，战略环境评价在规划制定过程中是偏形式化的；对于环保部门而言，主要将战略环境评价视为辅助决策的工具和环境管理工具，通过战略环境评价将环境因素纳入决策制定过程中，减少因规划实施而可能产生的环境影响，突出环境保护的理念；对于政府决策部门而言，希望通过战略环境评价的实施提高规划的科学性，同时降低规划可能的环境影响。

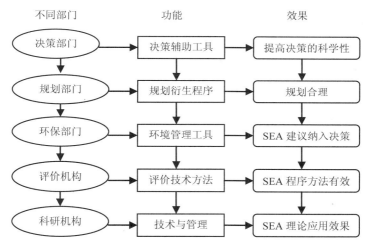

图 3.8　战略环境评价的功能定位

（3）战略环境评价功能的发挥

战略环境评价的最终目的是实现其功能的有效发挥，通过 3.3.1 节对战略环境评价的功能发挥和制度系统的阐述可知，战略环境评价功能的发挥包括直接功能发挥、间接功能发挥以及时间-成本-效益等，影响战略环境评价功能发挥的因素包括战略环境评价的制度环境、战略环境评价制度系统以及战略环境评价的运行操作过程。其中，战略环境评价所处的经济、政治和社会环境即从宏观层面考量战略环境评价运行的环境；战略环境评价的制度系统即战略环境评价的法律规范、管理监督等方面，从中观层面确保战略环境评价的有效执行；战略环境评价的技术方法、操作程序等可从微观具体的层面保障战略环境评价程序的有效实施。战略环境评价的功能发挥主要通过其行为功能表现,不管战略环境评价的技术方法如何先进、战略环境评价管理信息水平是否发达,如果战略环境评价的运行操作方式出了问题,战略环境评价将不可能对决策发挥预期的作用,也就是说,单纯依靠技术手段不能达到战略环境评价功能的充分发挥,还应深入研究其合理的运行方式。

战略环境评价的运行是由不同人所代表的部门作为主体,战略环境评价作为客体而完成的一系列的实践活动。制度的实施是由个体和群体来完成的。对于战略环境评价而言,其所处的制度环境、战略环境评价制度系统以及战略环境评价的具体操作过程均离不开人的行为和意识。因此,如果对我国战略环境评价的实施及有效性进行剖析,对战略环境评价问题进行诊断,需要对制度背景下人的因素展开探讨。从内外部两方面看,战略环境评价是一个社会评价主体系统的行为,是主体系统对评价对象环境价值的建构过程。战略环境评价系统涉及不同的评价主体:

①技术操作程序。评价机构通过资料数据收集,运用可行的技术与方法,对规划或者政策可能产生的环境影响进行预测与评价的过程,评价结论为决策机关提供参考依据。评价机构是战略环境评价的主体,其在开展战略环境评价工作的过程中受到制度和环境等方面的影响。

②管理程序和辅助决策。战略环境评价工作程序完成后,环保部门组织专家对战略环境评价进行技术评审和审查,这是决策上报审批的前置条件。审查机关通过审查,评判战略环境评价是否科学合理,是否能够辅助决策的制定。从这个角度看,战略环境评价审查机关是审查主体,评价机构是决策辅助部门。

③技术咨询与支持。通过战略环境评价工作,规划部门和决策制定部门对拟议规划的环境影响进行分析预测,将环境因素纳入规划决策的制定过程中,对规划决策进行分析和改进。规划决策部门是主体,评价机构作为技术咨询机构为规划决策部门提供技术咨询和建议。

④社会构建行为。战略环境评价不仅仅是一项技术工具或者管理工具,其实施过程中还包括各种社会和文化因素的参与,如战略环

评价过程中要求开展公众参与，征求相关领域专家、普通公众、非政府组织（NGO）等对规划或战略环境评价的建议和意见。战略环境评价是一个多因素多层次的系统，其实施过程中涉及不同的利益群体和行为，主要包括规划发起者（如政府部门）、决策管理者（规划主管部门、环保主管部门等）、战略环境评价评价者（评价机构、咨询机构等）、咨询专家以及公众。从这个角度看，战略环境评价作为一种社会行为，围绕一种特定的评价活动，将社会中不同利益的社会角色和程序组织到一起（规划人员、评价技术人员、管理人员、公众人员），形成一个主题系统，共同完成评价对象的环境价值的社会构建过程。战略环境评价反映出其社会行为属性。

由上述分析可知，战略环境评价参与的不同群体构成战略环境评价的主体系统，不同主体表现出不同的功能特点，因此，战略环境评价是由多要素共同参与的完整系统。评估其有效性不能单单对某一部门进行分析，而是对其进行综合性的评估，用公式表示即为：

$$战略环境评价=F（C，M，E，P，G，I） \tag{3.1}$$

式中：C —— 评价单位（技术工作，预测与评价，提供结论和建议）；

$\qquad M$ —— 管理部门（政策制定、人员机构管理、程序管理、监督管理）；

$\qquad E$ —— 咨询专家（技术评审，意义评定）；

$\qquad P$ —— 规划部门（制定规划，将战略环境评价结论建议纳入规划）；

$\qquad G$ —— 政府决策部门（制定科学可行的决策，意义评定）；

$\qquad I$ —— 相关公众（参与咨询，对规划和战略环境评价提出相关意见）。

制度化的战略环境评价系统包括战略环境评价的准备过程、评价过程和审查过程。评价者（评价机构或者咨询机构）是战略环境评价系统的一个部分。对于战略环境评价的评价过程，还存在着一系列的子评价过程，如评价人员的评价、专家的评价、公众的评价及决策者的评价。从这个角度，战略环境评价的有效性问题可以看作以上各子评价系统结构和功能的优化设计和优化控制问题。

3.4 本章小结

本章对战略环境评价有效性所蕴含的深层次内容进行解析，围绕战略环境评价有效性的理论内涵、制度系统以及功能定位开展研究述评，从多个角度解析战略环境评价的有效性，形成以下几点认识：

（1）一般而言，有效性包含两个维度：一是实践活动是否产生现实的影响效力；二是实践活动产生影响效力的程度。前者是有效性"质"的问题，旨在判定有效性的有无。后者是有效性"量"的问题，旨在判定有效性的大小。

（2）通过对有效性内涵的系统梳理分析，学者主要从结果角度来理解和界定有效性的含义，即从功能的实现程度角度界定有效性。但从结果维度界定分析有效性不能完全揭示出有效性的内涵，比如有效性的实质是什么，推动有效性的因素有哪些，这就要寻求从另一个维度来解决这些问题，即达到这一结果背后的过程以及原因。

（3）对于战略环境评价而言，当前研究主要针对技术方法和环境管理范畴内进步和发展，在功能界定中，主要将其看作一项具体的环境管理制度和专门的技术工具。在应用和实践中，主要将其看作一种具体的技术过程和辅助决策的手段。战略环境评价的理论研究和实践开展中也主要着墨于技术方法的提高、应用范围的扩展以及管理制度的完善等方面。当前，很少有定义强调战略环境评价的价值属性和功能发挥。

（4）战略环境评价需要解决的三大基本问题是：第一，我国战略环境评价的实施现状和困境；第二，我国战略环境评价的有效性问题；第三，我国战略环境评价有效发展的路径及方向。战略环境评价的三大基本问题与战略环境评价制度系统的三大子系统存在某种内在联系，影响和制约战略环境评价发展的问题与障碍，会影响战略环境评价制度系统的有效运行，反之亦然。三大基本问题折射出来的重点和实质，可以根据战略环境评价制度系统三大子系统的不同内涵加以分析：针对第一个问题，需要在战略环境评价制度变迁的过程中追根溯源、分析战略环境评价制度演变等问题；针对第二个问题，需要重新审视战略环境评价的角色和效果，在制度实施系统中，主要分析战略环境评价制度被组织、执行情况及效果等，关注的有效性问题；针对第三个问题，在学习借鉴国外有益经验和做法的同时，立足我国现状，对战略环境评价发展做出前瞻性的预判，提出战略环境评价的发展路径。这也是本书第 4 章需要解决的问题。

（5）本书提出战略环境评价的"功能"理解应包括三个层次的内涵：一是其本身所具有的功能；二是对战略环境评价功能的定位（需求），即人们对其发挥各种功能的需求和重视程度，是战略环境评价被赋予的功能；三是战略环境评价功能的发挥，即其所具有功能的最终的发挥效果和作用（从技术操作过程、制度系统以及制度环境等方面对战略环境评价的功能发挥进行阐述）。

第 4 章
我国战略环境评价有效性剖析及问题诊断

　　本书第 3 章对战略环境评价有效性的内涵以及功能定位进行了研究和探讨，通过分析得知，战略环境评价的有效性受战略环境评价的制度环境、管理机制、运行过程等方面的影响。因此，对我国战略环境评价有效性的剖析及问题诊断也在此基础上展开。在前文分析的基础上，本书提出战略环境评价有效性剖析以及问题诊断的逻辑路线和分析框架，即战略环境评价的"制度环境—理论研究—管理系统—应用实践"分析框架（图 4.1）。基于此，本书从两个角度展开探讨：一是分析我国战略环境评价的运行现状与效果。在战略环境评价制度的理论研究和实践进展进行系统梳理、总结的基础上，从战略环境评价的制度环境、管理机制等方面对我国战略环境评价的运行现状效果进行剖析。二是研究我国战略环境评价有效性的"瓶颈"和问题（图 4.2）。

4.1　战略环境评价有效性现状剖析

4.1.1　战略环境评价实施现状

4.1.1.1　战略环境评价的开展情况

　　当前我国战略环境评价的发展主要集中于规划层面的环境影响评价，即规划环境影响评价。为便于理解，下文针对我国战略环境评价的讨论均以规划环境影响评价作为称谓。

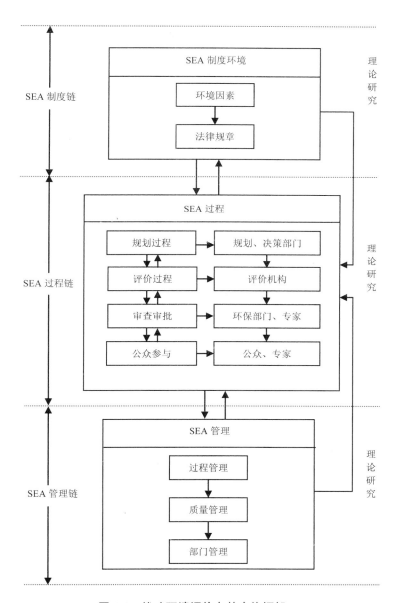

图 4.1　战略环境评价有效实施框架

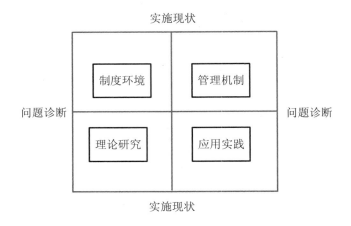

图 4.2 战略环境评价有效性剖析及问题诊断

《环评法》出台后，我国为推进规划环境影响评价的开展，开始着重于规划环境影响评价的制度建设、技术准备和能力建设等方面：原国家环保总局出台了规划环境影响评价开展的相关技术导则、规范、管理规章等法规文件，同时加强环境影响评价专家库建设，强化环境影响评价机构及从业人员管理，从而为规划环境影响评价的实践提供了法律和技术支持；此外，在规划环境影响评价的能力建设方面，国家环保部门联合世界银行、国际影响评价协会（IAIA）、瑞典国际发展合作署（SIDA）等国际组织和相关机构开展了规划环境影响评价的国际国内培训，从而提高了规划环境影响评价人员、机构的专业水平；在规划环境影响评价队伍建设方面，全国已有环境影响评价机构近 1 200 家，从业人员 4.5 万余人，以省级评价机构为支撑的环境影响评价体系基本建立。

对与规划环境影响评价的实践进展，《环评法》实施的初期，规划环境影响评价在全国尚未深入展开：国家层面方面，按照法规应开展规划环境影响评价的规划占所有各类城市总体规划、行业发展规划和专项规划的 90% 以上，但全国每年审批数千项各类发展规划，依法进行规划环境影响评价并报同级主管部门审批的极少，国家环保总局在 2004 年仅受理了一项国家级规划的环境影响评价——《全国林纸一体化建设"十五"及 2010 年专项规划》的环境影响评价；在地方层面，规划环境影响评价主要以区域环境影响评价、流域环境影响评价以及交通行业环境影响评价为主，如北京经济技术开发区、广州开发区在内的 11 个国家级开发区开展了区域环境影响评价，四川大渡河、塔里木河流域、澜沧江中下游等流域开发利用规划环境影响评价等。

从 2005 年起，规划环境影响评价逐渐为政府部门所重视并主推，各政府、部门加大土地、工业、农业、能源、城市建设、交通和林业等十个专项规划中规划环境影响评价的开展[106]。2005 年，我国开展了典型行政区、重点行业和重要专项规划 3 种类型 23 个规划环境影响评价试点。2006 年，武汉市开城市战略环境评价先河，《武汉市国民经济和社会发展第十一个五年总体规划纲要》战略环境评价是我国环境影响评价史上一项开创性、示范性的工作，武汉市的成功尝试为国家环境影响评价法制建设及管理提供了模式。2008 年环境保护部组织开展了《汶川地震灾后重建规划环境影响评价》，科学分析、评价了规划潜在的环境影响和风险，提出了优化建议和环境保护对策措施，为灾后恢复重建提供了决策参考。同年，环境保护部联合其他部委组织开展了《新增千亿斤粮食规划环境评价》，推动了决策的科学化、合理化。此外，环保部组织开展了辽宁沿海经济带"五点一线"、江苏沿海地区及广东横琴重点开发区域规划环境影响评价；推动上海等 30 个重点城市开展轨道交通建设规划环境影响评价。

随着国家重点区域和行业发展战略的深入推进，以战略环评为抓手从源头预防环境污染和生态破坏，破解重化工业布局与生态安全格局之间、结构规模与资源环境承载之间两对突出矛盾，是环境保护参与综合决策的重要途径，也是优化产业布局和国土空间开发结构的必然要求。2009 年环保部开展涉及 15 个省（市、区）的五大区域重点产业发展战略环境评价（环渤海沿海地区、海峡西岸经济区、北部湾经济区沿海、成渝经济区和黄河中上游能源化工区），涵盖 15 个省（区、市）的 67 个地级市和 37 个县（区），国土面积达 111 万 km^2，经济总量占全国的近 1/5，涉及石化、能源、冶金、装备制造等 10 多个重点行业，为环境保护优化国土空间开发提供了重要的科学依据。2012 年环保部启动了西部大开发重点区域和行业发展战略环境评价，弥补了五大区域战略环境评价在西南的云南、贵州两省和西北的甘肃、青海、新疆三省(区)的空白。

在重点行业上,交通和土地行业开展了大量的规划环境影响评价实践,如交通运输部截至 2008 年年底已完成 29 个港口总体规划、20 余个公路网规划的环境影响评价工作。近两年来也完成了多个港口及公路网的规划环境影响评价工作,以及长三角高等级航道网规划、四川省内河水运发展规划等规划环境影响评价工作;原铁道部规划环境影响评价试点从 2005 年开始,涉及 16 个省(区、市)的 23 个规划。上海、大连、苏州等 19 个重点城市开展了轨道交通规划环境影响评价,湖北、湖南、安徽、广东等 31 个省市基本完成高速公路网规划环境影响评价,包括焦煤矿区在内的 33 个国家规划煤炭矿区和沿海16 个主要港口启动了规划环境影响评价工作。

有些部门和行业还开展了规划环境影响评价的回顾性评价,例如,对已经批复的黄河上游、澜沧江中下游等流域水电规划,国家发展和改革委员会开展了环境影响回顾评价;经国务院批准,中国工程院组织开展了三峡工程前期论证及运行情况的阶段性后评估;黑龙江、贵州等地对若干已批行业规划也进行了环境影响后评价,积极探索跟踪监督机制。

4.1.1.2 战略环境评价开展的主要领域

2009 年,南开大学联合香港中文大学对我国规划环境影响评价开展的主要领域进行问卷调查[108],通过分析得出,我国战略环境评价的应用与实践主要集中于区域建设开发利用规划、城市建设规划、工业规划、土地开发利用规划和交通规划的环境影响评价(图 4.3)。分析原因可能为:①区域环境影响评价自 20 世纪 90 年代以来,始终为国家环境影响评价开展的重点领域,《环评法》之后,各地区域环境影响评价的开展持续升温,经过多年的发展完善,无论从实践进展和研究进展上,区域环境影响评价都是规划环境影响评价发展中较为重要的领域。②城市建设、土地利用、交通行业等领域均存在可参考的技术指南和相关导则,如国土资源部颁发的《省级土地利用总体规划环境影响评价技术指引》、交通部颁发的《关于交通行业实施规划环境影响评价有关问题的通知》,使这些行业的规划环境影响评价实

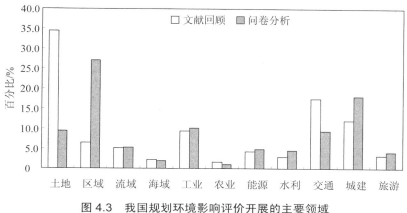

图 4.3　我国规划环境影响评价开展的主要领域

施起来有章可循。

　　此外，农业、林业和畜牧业等规划的环境影响评价的研究和实践相对较少，相对于其他专项规划而言，这些规划对环境的影响范围和程度一般都较小且环境影响程度和效果不易识别评价，加之理论研究不足，使得这几类规划的环境影响评价进展缓慢。

4.1.2　战略环境评价理论研究

4.1.2.1　国际战略环境评价研究成果

　　对国际范围内近 20 年战略环境评价的研究进行了梳理分析，采用对"Google 学术"和"Elsevier"数据库的检索分析，检索词为"strategic environmental assessment"，检索方式为关键词、题目检索。检索截止到 2012 年。其中"Google 学术"检索出 14 700 条目，包括期刊、专著、报道以及报告等各类资料，但是也有大量与 SEA 没有直接关系的文章，如战略环境评价仅在文章中作为一句话出现，因此"Google 学术"检索结果仅作为参考，不具备统计意义。Elsevier 数据库检索出 408 条目。通过对 Elsevier 数据库的检索结果进一步整理分析，结果表明，研究成果主要来自 38 个国家的 439 个研究机构（以欧洲国家为主），学术界对 SEA 的研究总体呈上升趋势（图 4.4）。

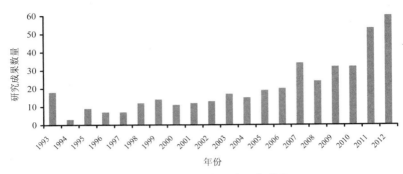

图 4.4 战略环境评价研究成果

（Elsevier 数据库统计结果 1993—2012 年）

对战略环境评价的研究着重于以下几方面（图 4.5）：战略环境评价的技术程序（24%）、战略环境评价的回顾/评估/分析（16%）、战略环境评价的应用与实践分析（16%）、如何将环境因素纳入决策的分析（12%）以及战略环境评价的体系框架等（10%）。对于战略环境评价的应用案例研究主要集中于空间/土地利用规划、交通规划以及其他相关公共设施规划（图 4.6）。在战略环境评价研究的地理分布上，50%的针对欧洲国家的研究（其中英国占 10%），我国的研究占 9%左右，加拿大经验研究为 7%左右。此外，本书针对不同时期（以 5 年为间隔）战略环境评价的研究重点做统计分析，结果表明，战略环境评价的研究由起初注重质量分析、程序与方法逐步转为注重制度建设、应用实践以至近年来对有效性研究的关注（表 4.1）。

表 4.1 不同时期 SEA 的研究重点

排序	1992—1996 年	1997—2001 年	2002—2006 年	2007—2012 年
1	质量分析	制度建设	制度建设	质量评估和有效性
2	程序框架	纳入环境 纳入可持续性	纳入环境 纳入可持续性	程序、方法
3	内涵目标	程序、方法	应用实践 回顾与有效性	实践应用 制度建设

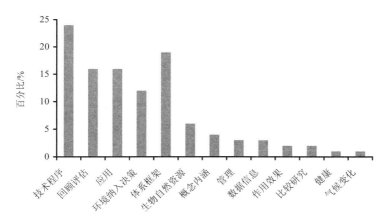

图 4.5　战略环境评价的研究重点
（Elsevier 数据库统计结果 1993—2012 年）

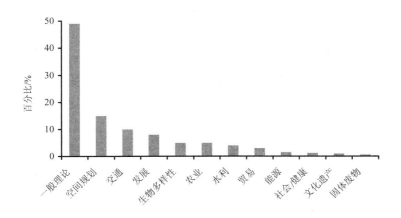

图 4.6　战略环境评价应用实践研究重点
（Elsevier 数据库统计结果 1993—2012 年）

　　Fischer[109]通过发放问卷方式对未来战略环境评价的研究方向和重点进行分析探讨，研究结果表明（表 4.2），未来学术界应注重对战略环境评价产出与结果（87.5%）、有效性评估（81.3%）以及与战略环境评价有关的政策领域（75.1%）等方面的研究。这也从一个侧面说明战略环境评价有效性研究的迫切性和必要性。

表 4.2　战略环境评价未来研究的重点领域

主要问题	比例/%
SEA 基础理论研究	28.1
技术与方法研究	69.8
跨学科和多学科的研究	68.8
SEA 结果的应用	68.7
相关政策领域的研究	75.1
SEA 有效性的案例研究	71.8
SEA 有效性评估研究	81.3
SEA 成本-效益研究	56.3
SEA 产出与结果	87.5

4.1.2.2　国内战略环境评价研究成果

本书梳理分析了我国 2002—2012 年规划环境影响评价领域的主要研究成果以及研究重点。通过我国最大的文献检索系统"CNKI 中国知网"进行研究回顾，检索词为"战略/规划环境影响评价""战略环境评价""规划环境影响评价"，检索方式为关键词和篇名检索。

由图 4.7 可以看出，《环评法》实施以来，规划环境影响评价领域的研究是不断发展完善而逐步深入的，研究成果逐年增加，尤其是 2006—2009 年研究数量有一个大幅度增加的过程。2009 年研究成果较为显著。分析原因可能为 2009 年我国出台了《规划环境影响评价条例》，从而保障《环评法》关于规划环境影响评价的规定得到更好的实施，一定程度上推进了规划环境影响评价的理论研究。

通过文献回顾分析得出，规划环境影响评价的研究主要集中于 4 个领域（图 4.8）：规划环境影响评价的基础理论研究，技术方法学和指标体系的研究，"一地、三域、十个专项"的专项应用研究以及案例研究。其中规划环境影响评价的基础理论研究较多，其次为规划环境影响评价的方法学研究、不同规划体系研究以及案例研究。近几年，研究重点逐步转向针对不同规划的规划环境影响评价研究和规划环境影响评价的案例研究，其中方法学研究仍是学者关注较多的领域。具体研究情况如下：

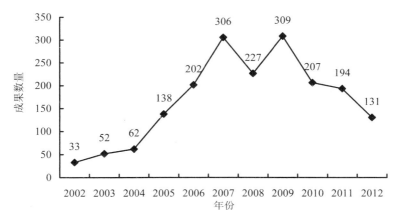

图 4.7 2002—2012 年 SEA 研究成果
（CNKI 中国知网统计数据）

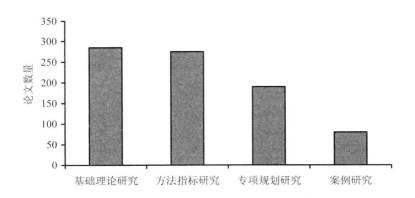

图 4.8 2002—2012 年各领域论文数量比较
（CNKI 中国知网统计数据）

《环评法》实施初期，国内规划环境影响评价的基础理论研究着重于规划环境影响评价的意义、程序框架、规划环境影响评价与项目环境影响评价及可持续发展的关系等方面，例如，朱坦等[110]讨论了在我国开展规划环境影响评价应考虑的一些原则，提出了我国开展规划环境影响评价的管理程序和技术路线。伴随着规划环境影响评价在全国范围的深入展开，研究重点逐渐转向规划环境影响评价的实施现状、应用实践、管理对策等方面，其中主要对空间规划和规划行业环境影响评价的内容、方法、程序框架以及将气候变化和生物多样性融入规划环境影响评价等进行了深入探讨，例如，王亚男等[111]分析了国内开展空间规划环境影响评价的若干重要影响；田丽丽等[112]探讨了我国城市国民经济和社会发展规划规划环境影响评价的技术思路和技术方法；徐鹤等[113]探讨了将气候变化因素融入交通规划环境影响评价领域的方法和框架；白宏涛[114-115]就交通规划环境评价如何有效融入决策过程以及低碳规划与战略环境评价的融合等方面的问题进行了初步探讨。此外，我国研究人员在国际期刊上也发表了针对我国环境影响评价的学术专刊（*Environmental Impact Assessment Review* 与 *Journal of Environmental Assessment Policy and Management*）。

我国战略环境评价涉及规划制定及决策者、评价者、管理者以及研究者等方面，可以看作一个具有一定结构的人类活动系统，与这一系统相对应，战略环境评价的理论研究重点也围绕这四个方面的内容展开，按照一定的逻辑关系和结构，理论研究成果中的实质性内容可以分为四个层次（图4.9）。

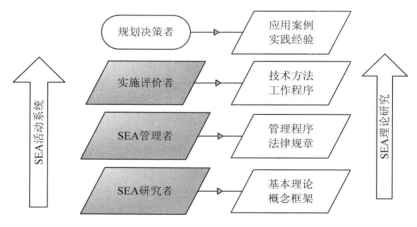

图4.9 战略环境评价活动及理论研究体系

第一个层次从规划人员和决策者的角度出发。战略环境评价如何作为决策辅助工具应用到规划制定过程中，以及在不同行业和层次的规划中的应用经验。针对这一层面的研究为战略环境评价的应用案例以及实践经验，探讨战略环境评价的应用范围、程序和采用的方法。

第二个层面从战略环境评价的评价人员角度出发。战略环境评价的评价过程主要是战略环境评价技术人员应用一系列的方法程序，对规划或者政策可能产生的环境影响进行识别、预测与分析。在这一层面上，战略环境评价作为一种技术方法与评价程序，表现的是战略环境评价的技术属性存在。针对这一层面的研究也主要包括战略环境评价的新技术方法以及工作程序的完善与改进。其本质在于如何开展战略环境评价技术过程。在战略环境评价开展初期，战略环境评价技术方法是学术界研究的热点问题之一。

第三个层面从战略环境评价的制度管理者角度出发。政府部门以及相关管理部门针对战略环境评价的法律规章、管理程序、审查制度、监督机制、质量保证措施、经费制度、公众参与等方面完善战略环境评价的管理。针对这一层面的研究主要包括如何完善战略环境评价的法规制度建设、如何改进战略环境评价的审查监督机制以及其他相关管理方面的规定。其本质在于如何管理战略环境评价。随着战略环境评价制度的逐渐建立以及技术方法的不断完善，从管理角度对战略环境评价的研究近年来呈上升趋势。

第四个层面从战略环境评价的研究者角度出发。前两个层面是"战略环境评价中的研究"，对象是战略环境评价实施过程中的技术程序和制度管理等方面；这一层面则为"对战略环境评价的研究"，对象是战略环境评价本身，是对战略环境评价的概念原理、结构框架以及战略环境评价的价值目标展开的研究，属于战略环境评价的基础理论研究。战略环境评价概念提出初期，学术界对其目标、原理和框架展开了一系列的探讨，但是忽视了对战略环境评价有效性、价值本质的研究。

上述四个层面的研究构成了战略环境评价研究的主要方向。在对战略环境评价进行研究过程中，四个层面的研究相互独立又相互依赖，共同推进战略环境评价的完善。

4.1.3　战略环境评价的制度建设

按照本章构建的分析框架，首先探讨战略环境评价的制度环境现状。有关战略环境评价的制度环境，主要包括战略环境评价的环境背景和法律规章，本书 2.3 节已对战略环境评价制度的环境背景进行了相关阐述，下文将重点对其相关法律制度的进展展开论述。

我国较为重视战略环境评价在环境保护和经济发展中的作用，探讨战略环境评价的理论、方法，并不断组织实践。至今已经有《环评法》和《规划环境影响评价条例》两部法律法规，并有一系列配套的规章、管理办法、导则、标准等，环境影响评价的法律法规建设初具规模。

20 世纪 90 年代我国政府发布的《中国 21 世纪议程》《国务院关于环境保护若干问题的决定》等文件中提出开展对现行重大政策和法规的环境评价。2003 年 9 月 1 日实施的《环评法》，第一次将环境影响评价从单纯的建设项目扩展到各类发展规划，用法律的形式确立了规划环境评价的地位。2005 年《国务院关于落实科学发展观 加强环境保护的决定》（国发〔2005〕39 号）中指出，"对环境有重大影响的决策，应当进行环境影响论证"，提出开展政策层面的环境影响评价。2009 年 10 月 1 日实施的《规划环境影响评价条例》补充和完善了规划环境影响评价的内容、范围和审查机制，通过进一步完善规划环境影响评价程序，明确实施主体、相关方的责任和权利，从而保障《环评法》关于规划环境影响评价的规定得到更好的实施，并将"区域限批"正式确立为一项新的管理手段，增强了可操作性。

在环境影响评价的技术导则和技术规范方面，环保部推进制（修）订了 33 项环境影响评价技术相关的技术导则和规范（表 4.3），例如，2003 年国家环保总局颁发了《规划环境影响评价技术导则（试行）》和《开发区区域环境影响评价技术导则》，规定了规划环境影响评价开展的技术方法、程序等。2009 年环保部颁发了《规划环境影响评价技术导则 煤炭工业矿区总体规划》，为煤炭工业矿区总体规划环境影响评价，煤、电一体化，煤、电、化工一体化等煤炭开发规划环境影响评价提供技术支持。

表 4.3　规划环境影响评价相关法律规章

相关规章导则	技术规范	状态
法律规章	《中华人民共和国环境影响评价法》 《规划环境影响评价条例》	已经颁布
管理规章	《编制环境影响报告书的规划的具体范围（试行）》 《编制环境影响篇章或说明的规划的具体范围（试行）》 《环境影响评价公众参与暂行办法》 《环境影响评价审查专家库管理办法》	已经颁布
技术导则制定规划环境影响评价	《规划环境影响评价技术导则　总纲》 《开发区区域环境影响评价技术导则》 《规划环境影响评价技术导则　煤炭工业矿区总体规划》	已经颁布
	《规划环境影响评价技术导则　土地利用总体规划》 《规划环境影响评价技术导则　城市总体规划》 《规划环境影响评价技术导则　陆上油（气）田总体开发规划》	完成送审
	《规划环境影响评价技术导则　林业规划》	征求意见
	《规划环境影响评价技术导则　城市交通规划》 《规划环境影响评价技术导则　流域水电规划》 《规划环境影响评价技术导则　港口总体规划》 《规划环境影响评价技术导则　石化、化工园区规划》	正在编制
技术审核规范规划环境影响报告书	《专项规划环境影响报告书审查办法》 《规划环境影响技术审核质量管理规定（试行）》 《规划环境影响报告书技术审核报告编制规范（2011年版）》 《煤炭矿区总体规划环境影响报告书技术审核要点》 《流域水电开发规划环境影响报告书技术审核要点》 《港口总体规划环境影响报告书技术审核要点》 《城市轨道交通规划环境影响报告书技术审核要点》 《河流水电规划报告及规划环境影响报告书审查暂行办法》	已经颁布
评价技术导则	《环境影响评价技术导则　固体废物》	正在编制
	《环境影响评价技术导则　公众参与》	征求意见
	《环境影响评价技术导则　环境风险》	正在修订
	《环境影响评价技术导则　人群健康》	征求意见

与此同时，不同部门也着手推动规划环境影响评价实践的开展，国家发改委加强了对区域规划、工业和能源类指导性规划环境影响评价的编写；住房和城乡建设部将环境保护和环境影响评价作为城乡规划的重要内容；原铁道部"十一五"规划环境影响评价探索了部门联合审查规划环境影响评价的模式；交通运输部和国土资源部等部门对本部门规划环境影响评价的范围、评价内容和方法等做了明确的规定。

《环评法》要求对"一地、三域、十个专项"等规划进行环境影响评价，其中涉及诸如交通、土地、城市规划等多个部门和行业，单一的法规难以适应不同性质部门、行业的规划环境影响评价开展；此外，规划涉及不同级别、不同地区政府以及部门共同具有的职权，关乎利益的调整与分配。在《环评法》的基础上，一些部门如交通部门，针对规划的特点出台了行业或者部门规划环境影响评价的实施方案和法律规章（表4.4）。

表4.4　不同部门规划环境影响评价的法律规章

部门	法律规章	主要内容
交通运输部 2004年8月	《关于交通行业实施规划环境影响评价有关问题的通知》	规定了交通规划环境影响评价的范围，如国道、省道公路网规划、主要港口总体规划和流域内河航运规划需编制环境影响报告书。规定了从事交通规划环境影响评价单位的资质
环保部、交通运输部 2012年5月	《关于进一步加强公路水路交通运输规划环境影响评价工作的通知》	规定编制公路水路交通运输规划的范围、原则、审查办法，提出分析综合交通运输体系规划实施对区域资源环境的直接、间接和累积影响
国土资源部 2005年12月	《省级土地利用总体规划环境影响评价技术指引》	对土地规划环境影响评价的目的、原则、内容、方法和成果要求做了明确的规定
水利部 2006年10月	《江河流域规划环境影响评价规范》	规定了对流域、区域水资源开发利用规划和专项水利规划开展环境影响评价的技术方法等，明确江河流域规划的适用范围、原则、公众参与内容
中央军委 2006年3月	《中国人民解放军环境影响评价条例》	要求军级以上单位有关主管机关组织编制涉及军用土地利用的规划，进行环境影响评价，并规定了环境影响评价的内容和审批要求

在地方层次，全国大部分省市以不同形式出台了开展规划环境影响评价工作的有关配套规定，上海、重庆、陕西、内蒙古、大连等立法明确规划环境影响评价目录、环保设计备案、环境监理等相关规定，不断探索环境影响评价管理的新手段。如上海市政府于 2004 年发布的《实施〈中华人民共和国环境影响评价法〉办法》，明确规定了由市政府及其有关行政管理部门审批的规划，应在规划上报审批的同时提交环境影响评价文件，规定了规划环境影响评价的惩罚细则、相关责任，这是我国第一部地方性规划环境影响评价规定。深圳市 2009 年颁布的《深圳经济特区环境保护条例》引入了政策环境影响评价制度，提出"在制定工业、能源、交通、旅游开发政策，水利开发、土地使用、海域使用政策，以及其他可能对环境造成重大影响的政策时，有关部门或者单位应当征求市环保部门意见。市环保部门认为有必要的，起草部门必须进行环境影响评价，并提交政策环境影响评价说明书"，并对"政策环境影响评价说明书"的主要内容做了明确规定，包括制定本政策的背景及其目的、本政策可能造成的环境影响、减轻或者避免环境影响的措施以及结论四部分。

表 4.5　各省市规划环境影响评价相关法规

省（区、市）	颁布时间	法规规章
上海市	2004 年 5 月	《上海市实施〈中华人民共和国环境影响评价法〉办法》
	2006 年 8 月	《贯彻〈国务院关于落实科学发展观　加强环境保护的决定〉的意见》
	2008 年 11 月	《关于开展环境影响评价公众参与活动的指导意见（暂行）》
	2011 年 5 月	《关于印发〈上海市建设项目及规划环境影响评价文件编制格式要求（试行）〉的通知》
北京市	2004 年 2 月	《北京市环境保护局关于加强环境影响评价资格证书管理的通知》
天津市	2004 年 2 月	《天津市政府批转市环保局关于贯彻〈中华人民共和国环境影响评价法〉实施意见的通知》
	2009 年 7 月	《关于做好区县示范工业园区规划环境影响评价工作的函》
	2010 年 2 月	《关于做好规划环境影响评价工作保障天津经济健康快速发展的函》

省（区、市）	颁布时间	法规规章
重庆市	2005 年 4 月	《关于开展规划环境影响评价工作的实施意见》
	2007 年 5 月	《重庆市环境保护条例》
河北省	2004 年 4 月	《关于进一步做好规划环境影响评价工作的通知》
	2011 年 7 月	《河北省人民政府办公厅关于进一步加强规划环境影响评价工作的通知》
河南省	2009 年 5 月	《河南省环境保护厅关于加快推进产业集聚区规划环境影响评价工作的通知》
	2009 年 7 月	《河南省环境保护厅关于加快产业集聚区规划环境影响评价工作的紧急通知》
	2010 年 1 月	《河南省人民政府关于贯彻落实〈规划环境影响评价条例〉的通知》
	2010 年 6 月	《河南省环境保护厅关于印发推进产业集聚区发展2010 年工作方案的通知》
山东省	2005 年 11 月	《实施〈中华人民共和国环境影响评价法〉办法》
	2011 年 3 月	《德州市规划环境影响评价工作实施办法》
	2011 年 6 月	《贯彻落实环发〔2011〕14 号文件加强产业园区规划环境影响评价有关工作的通知》
山西省	2005 年 11 月	《关于做好规划环境影响评价工作的通知》
	2010 年 1 月	《山西省人民政府关于贯彻实施〈规划环境影响评价条例〉的意见》
湖北省	2002 年 12 月	《关于加强开发区区域环境影响评价有关问题的通知》
	2004 年 2 月	《关于推荐专项规划环境影响评价审查专家的通知》
	2005 年 12 月	《关于切实做好规划环境影响评价工作的通知》
	2011 年 3 月	《〈环境保护部关于加强产业园区规划环境影响评价有关工作的通知〉的通知》
广西壮族自治区	2005 年 11 月	《关于做好规划环境影响评价工作的通知》
	2010 年 11 月	《自治区人民政府办公厅关于贯彻执行国务院〈规划环境影响评价条例〉的通知》
广东省	2010 年 6 月	《关于进一步做好我省规划环境影响评价工作的通知》
安徽省	2006 年 12 月	《关于省人大常委会对实施环境影响评价工作评议意见整改情况的报告》
	2010 年 3 月	《关于进一步加强规划环境影响评价工作的通知》
陕西省	2007 年 10 月	《陕西省规划环境影响评价技术规范（试行）》
	2006 年 12 月	《陕西省实施〈中华人民共和国环境影响评价法〉办法》
	2007 年 1 月	《关于进一步做好开发区和工业园区规划环境影响评价工作的通知》

省(区、市)	颁布时间	法规规章
福建省	2008 年 4 月	《开展流域面积 500 平方公里以下流域综合规划环境影响评价工作实施方案》
	2010 年 10 月	《福建省关于进一步规范专项规划环境影响报告编制工作的通知》
江苏省	2006 年 1 月	《关于依法开展规划环境影响评价工作的通知》
	2008 年 5 月	《江苏省规划环境影响评价试点工作方案》
	2008 年 8 月	《关于做好沿海开发规划环境影响评价工作的通知》
	2011 年 5 月	《关于切实加强规划环境影响评价工作的意见》
吉林省	2007 年 6 月	《开发区(工业集中区)区域环境影响报告书编制技术要点》
	2006 年 7 月	《关于编制规划的环境影响评价的实施意见》
内蒙古自治区	2005 年 9 月	《关于做好规划环境影响评价工作的通知》
	2009 年 7 月	《内蒙古自治区工业园区规划环境影响评价审查要点》
	2008 年 4 月	《规划和建设项目环境影响评价审批程序》
	2009 年 9 月	《鄂尔多斯关于贯彻主导产业和重点区域发展规划环境影响评价实施意见》
	2009 年 7 月	《工业园区规划环境影响评价审查要点》
云南省	2007 年 7 月	《关于进一步加强环境影响评价管理工作的通知》
新疆维吾尔自治区	2007 年 7 月	《自治区环保局规划环境影响评价与建设项目环境管理办法(试行)》
	2011 年 3 月	《关于转发环境保护部〈关于加强产业园区规划环境影响评价有关工作的通知〉的通知》
海南省	2006 年 8 月	《贯彻国务院关于落实科学发展观　加强环境保护的决定的实施意见》
四川省	2007 年 9 月	《四川省〈中华人民共和国环境影响评价法〉实施办法》
	2007 年 2 月	《关于大力推进战略环境影响评价的意见》
	2008 年 1 月	《四川省战略环境影响报告书审查办法》
浙江省	2007 年 2 月	《关于进一步依法推进规划环境影响评价工作的通知》
	2008 年 9 月	《关于进一步规范完善环境影响评价审批制度的若干意见》
江西省	2009 年 12 月	《关于加强规划环境影响评价工作的意见》
甘肃省	2009 年 1 月	《关于贯彻落实全国环境影响评价会议精神　加快环境影响评价制度改革创新的通知》
西藏自治区	2008 年 1 月	《西藏自治区人民政府关于加强规划环境影响评价工作的通知》
青海省	2009 年 9 月	《环境保护部要求认真学习贯彻〈规划环境影响评价条例〉切实加强规划环境影响评价工作》

省（区、市）	颁布时间	法规规章
宁夏回族自治区	2011 年 4 月	《自治区人民政府办公厅关于进一步加强全区规划环境影响评价工作的通知》
黑龙江	2009 年 9 月	黑龙江省环境保护厅办公室关于转发《关于学习贯彻〈规划环境影响评价条例〉加强规划环境影响评价工作的通知》的通知

回顾战略环境评价的发展历程，我国逐渐形成了以《环评法》为基础，环保部门规章为核心，其他部门规章为辅助的制度体系，并随着实践和理论的不断发展而趋于完善，从而为我国战略环境评价的有效开展提供基础的制度保障。

虽然我国战略环境评价的制度建设发展较快，但仍需要逐步地完善。从欧美发达国家的实践经验来看，覆盖立法、政策和规划等高层次决策的战略环境评价，是将环境保护纳入与社会、经济层次，将其置于同一平台进行综合考量的最佳决策辅助制度，也是解决社会经济发展与环境保护深层次矛盾的有效工具。然而，我国现行的《环评法》仅将"一地三域"和"十个专项"规划纳入了法定评价范围，涵盖国民经济和社会发展规划、区域规划等在现行规划体系中位于基础性、统领性地位的规划没有纳入法定评价范围，对重点产业发展规划也仅仅是要求编制有关环境影响的篇章或说明。

此外，对资源环境影响更为深远的高层次决策，如战略决策、法律规章、政策等尚未纳入法定程序，立法的缺陷严重限制了环境影响评价参与国家综合决策的广度和深度。当前我国的规划环境影响评价主要集中在煤炭矿区、开发区、轨道交通、港口、路网等有限领域，战略层面的环境影响评价尚无法律法规予以明确，仅在《国务院关于落实科学发展观　加强环境保护的决定》（国发〔2005〕39 号）中提出。

因此，从环境影响评价的法律法规体系建设角度，我国目前迫切需要进行规划环境影响评价的法规和导则建设以及战略环境评价的立法工作，将法律法规体系的建设和完善，作为环境影响评价制度有效性充分发挥的法律基础。

4.1.4　战略环境评价的管理机制

战略环境评价的管理制度，即采用适当的方式和机制协调战略环境评价相关方的关系，使其得以有效地推进，它是实现战略环境评价基本程序在机制上的保证[116]。我国环境影响评价管理工作涉及许多部门和机构，涵盖了规划编制、环境影响评价的准入、质量管理到有关部门、环境影响评价机构人员的管理等方面。

环境影响评价的管理工作主要是对从事环境影响评价职业机构人员、实施质量以及监督审查的管理（图 4.10）。

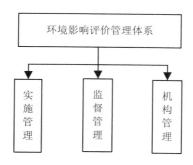

图 4.10　环境影响评价管理机制

环境影响评价专业人员是指接受过环境影响评价领域的专业和科学的训练，从事环境影响评价专门技术工作，以环境影响评价工作的组织、报告的编写、评审等为专业的个人和由此组成的团体。目前，我国环境影响评价职业组织一般包括环境影响评价的管理机构、高校和科研系统中环境保护科研机构、各级环保系统中的科研机构、评价咨询公司以及产业部门的设计院所。通常情况下，环境影响评价专业人员可分为以下几种：

（1）从事环境影响评价操作工作的机构和个人，即环境影响评价的技术人员，我国从事环境影响评价技术工作的主要为评价咨询公司、产业部门的设计院所以及各级环保系统中的科研机构。评价单位实行资格证书制，评价单位必须有国家或省一级环境保护主管部门颁发的评价证书，才能开展环境影响评价业务工作。此外，实行环境影响评价人员持证上岗制度以及环境影响评价工程师制度，对从业人员进行正规的职业考核和培训。

（2）从事环境影响评价理论和方法学研究的科研工作者，一般为高校和科研系统中环境保护科研机构、各级环保系统中的科研机构。其中，环境影响评价的研究者和技术工作者主要作为"非政治"的技术专家，在工作过程中不介入政府部门的决策过程，而是以专业技术专家和研究人员的角度，按照一定的技术规范和研究思路开展工作，为相关规划部门和决策部门提供技术咨询和决策依据。

（3）从事环境影响评价评审的政府人员，一般为各地的环境影响评估中心，作为环境影响评价的主管部门，主要组织对环境影响评价的过程和结论进行审查，并监督实施。

（4）环境影响评价的技术评审专家。2003 年公布的《环境影响评价审查专家库管理办法》加强了对环境影响评价审查专家库的管理，保证了审查活动的公平。环境影响评价的审查需要相关主管部门组织专家小组对评价报告进行技术评审和决策支持，咨询专家主要来自环保主管部门聘请或者推荐的权威专家，各地均设有专家库，专家主要采取个人申请或者单位推荐方式向设立专家库的环境保护主管部门（以下简称设立部门）提出申请。

规划环境影响评价的管理也主要针对上述评价职业技术人员的工作以及其所依附的机构。但是，在具体职责方面，规划环境影响评价所涉及各方（包括规划编制机关、审批机关、环保部门、评价单位、社会公众等）的职责不清，使得规划环境影响评价在其执行过程中受到影响。下面从几个较为具体的问题入手，对各方的职责和管理监督等方面进行探讨。

4.1.4.1　实施管理

（1）评价模式

规划环境影响评价的模式通常有自我评价（规划编制机关进行环境影响评价）和第三方评价（规划编制部门委托具体编制规划的单位以外的单位进行环境影响评价）。我国相关法律没有明确规定应采用"自我评价模式"还是"第三方评价模式"。大多数学者倾向于"第三方评价模式"，认为在我国现实国情下，政府宏观调控和计划体制仍占有重要的地位,市场经济体制尚未完善,政府部门间合作协调较少,在追求部门利益的时候将制定政策、规划等作为争夺部门利益的途径,如果环境影响评价完全由规划编制机关进行自我评价,则往往容易走过场;此外,规划环境影响评价需要涉及复杂的环境技术,客观上需要相对独立的专门技术机构以第三方的立场加以研究分析。

（2）介入时间

在规划环境影响评价的准入时间上,《环评法》规定环境影响评价工作由承担规划组织编制的国务院有关部门、设区的市级以上地方人民政府及其有关部门来组织进行,同时负责组织开展公众参与以及环境影响跟踪评价。《环评法》规定综合性和指导性的规划,在规划编制过程中组织开展环境影响评价,编写环境影响评价的篇章或者说明;对于专项规划,则在该专项规划草案上报审批前,组织开展环境影响评价,并编写环境影响报告书。一般情况下,应在规划编制的早期阶段开展环境影响评价工作,并融入规划制定的全过程中,将环境资源因素纳入规划编制。如果到了规划编制后期或者上报审批前介入环境影响评价,则由于此时规划的总体思路、体系结构、主要内容等已基本确定,且编制机关也相应地履行了一定的行政程序,这种情况下规划环境影响评价的建议很难纳入规划中。

但是由于当前我国规划领域存在一些不足:例如,我国的规划体系分为国家规划、省级规划、市县级三级规划和总体规划、专项规划、区域规划、城市规划四类。但是对不同种类和层次的规划界定没有明确的规定,且不同部门规划内容的冲突交叠现象较多,涉及规划本身的层次体系、编制程序也较为复杂和模糊[117]。此外,我国尚未有一部规范国家各类规划关系以及规划主体、客体行为的法规,国家发改委努力制定《规划编制条例》,但因各种原因而搁浅至今。相应地,《环评法》对综合性、指导性和专项规划也没有明晰的区分标准,使得规划环境影响评价介入规划的时间模糊不清,这就给相关主体规避相关环境影响评价责任(如以编制环境影响评价篇章代替环境影响评价报告书或是在规划上报审批前才编制报告书)提供了可能,一定程度上限制了环境影响评价大范围有效力的开展。

4.1.4.2 监督管理

（1）行政监督低效

在规划环境影响评价的审查监督方面，2003 年国家环保总局发布的《专项规划环境影响报告书审查办法》规定了专项规划环境影响评价审查内容和意见、审查费用和审查的形式；2007 年，为了进一步规范专项规划环境影响报告书的审查工作，国家环保总局发布了《关于进一步规范专项规划环境影响报告书审查工作的通知》，规定了专项规划环境影响评价的审查形式、审查专家资质以及审查结果等方面的要求；2007 年，国家环保总局组建了由 16 位院士与 23 名教授组成的专家咨询委员会，将重大环境影响的各类决策进行环境影响论证，以推动专项规划环境影响评价的审查工作和审查的客观性。

但是，规划环境影响评价的专业性、技术性较强，环境影响评价文件的审查需要包括环保部门在内的相关部门代表和专家从专业技术的角度进行审查，从技术操作层面考虑，《环评法》虽然规定"环境保护行政主管部门或者其他部门召集有关部门代表和专家对环境影响报告书进行审查……规划审批机关对环境影响报告书结论以及审查意见不予采纳的，应当逐项就不予采纳的理由做出书面说明"，这其中有三个关键点：一是环境影响评价实行同级审查，即规划审批机关同级的环保部门组织审查小组进行审查；二是环保部门组织的审查小组对环境影响评价只有审查权而无审批权；三是针对评价结论建议以及审查意见，规划审批机关可以选择采纳与否。环保部门是政府的一个组成部门，只具有审查权，如果规划审批机关不予采纳评价的建议和审查意见，同时不出具是否采纳的书面说明的情况，《规划环境影响评价条例》（以下简称《条例》）中没有处罚性措施。

在这种情况下，环保部门难以发挥综合协调各部门利益的作用，处于较为弱势的地位。事实上，多数规划在审批和实施时，均没有因评价的建议或审查意见而对规划作相关趋于环境优化的调整。当前缺乏对环境影响评价违法行为的具体责罚规定，有些地方政府将规划环境影响评价当作区域开发的敲门砖，行政力量干预环境影响评价审批等现象仍具有一定的普遍性，制约了环境影响评价制度作用的发挥。而负责审查报告的环保部门，往往只注重"程序的合理性"，对程序的真实性很少开展调查。比如公众参与部分，环保部门一般审查签字有无，而没有调查签字真假，这就给伪造提供了极好的空间。此外，现行的《环评法》仅提出对规划实施后可能造成的环境影响进行分析、预测和评估，提出预防或者减轻不良环境影响的对策和措施，但并未就规划提出的减缓预防的"对策和措施"的执行和检验做出规定，缺乏后续的监督和管理，不能形成有效和完整的环境影响评价管理体制。

《环评法》对从规划编制部门、规划审批机关到环境保护主管部门、规划环境影响评价审查的专家小组以及规划环境影响评价技术服务机构均做出了相关违法行为与法律责任的界定。多数规划在审批前履行了规划环境影响评价的一般程序，包括编写规划环境影响评价报告书、咨询相关专家和公众的意见、审查规划环境影响评价报告书等，但是，当前缺少对规划环境影响评价在法律文件中所列的"弄虚作假或者失职行为"的判断。规划编制和审批机关一般情况下将规划环境影响评价作为法定环节任务，注重规划环境影响评价的结果，而不是评价的内容和调整建议，甚至出现规划草案提交后补交评价报告的情况。

我国目前针对不同行业规划管理的规章鲜有涉及，其中仅在2006年，国家环保总局发布《关于加强煤炭矿区总体规划和煤矿建设项目环境影响评价工作的通知》，对煤炭行业开展规划环境影响评价的准入条件、监督管理等做了相关规定；环境影响评价风险方面发布了《关于加强环境影响评价管理防范环境风险的通知》，强调加强规划环境影响评价，开展环境影响评价后评价，加强督察和责任追究。

（2）公众监督及公众参与低效

在市场经济条件下，规划科学合理性和民主性的一个重要体现就是相关利益方能够较好地参与并由此达成共识。一般而言，除了法律规定应当保密的规划外，规划在编制、审批和实施过程中应当开展一定程度的公众参与，尤其是与公众利益密切相关的内容，公开并听取公众意见。《环评法》和《条例》明确规定了环境影响评价中应开展公众参与，但在实际操作中公众参与趋于形式化。具体表现在：

①《环评法》和《条例》规定应该开展公众参与，但对公众参与相应法律法规条款缺乏具体化的解释，如对于不同类型的规划开展何种形式的公众参与，公众意见对规划管理决策的约束力如何体现等问

题没有统一的规定；对未开展公众参与或公众参与效果甚微的情况没有相关规定。这样一来，规划编制机关以及相关负责人不会因公众参与的缺失和低效承担责任。

②公众参与渠道不畅。目前相当一部分规划的管理还存在着较为明显的封闭运行现象，其编制、审批、实施主要在政府机关内部进行，透明度不高。政府网站是公众获取规划和环境影响评价信息的重要渠道，然而，根据网站公示的统计信息：在全国 32 个省（自治区、直辖市）的环保厅网站上，仅有少数省（自治区、直辖市）如新疆、河南、江苏、辽宁等对规划环境影响评价的受理、审查等信息进行公开。

③公众参与规划环境影响评价的意识薄弱。目前环境影响评价阶段，公众往往处于"被参与"的位置，即被动地接受规划环境影响评价编制部门的调查，或被组织参加相关的听证会或论证会。此外，与一般建设项目相比，大多数规划所涉及的相关利益群众难以界定。

4.1.4.3 机构和人员管理

自 1979 年实施环境影响评价制度以来，我国已建立起一套评价体系和评价技术支持系统，在环境影响评价的机构管理方面，环保部制定了相关规定，包括对开展环境影响评价的资质管理以及对评价机构的监督管理等方面，管理体系初具雏形。2004 年实施的《环境影响评价工程师职业资格制度暂行规定》，提出了从事环境影响评价服务的机构必须具备环境影响评价工程师的要求。2005 年出台的《建设项目环境影响评价资质管理办法》，结合环境影响评价工程师职业资格制度，对甲乙两级评价机构分别提出了应具备的环境影响评价工程师数量要求，将环境影响评价机构与人员的管理纳入正规管理。在规划环境影响评价方面，我国尚未出台明确的管理规章，国家环保总局仅在 2006 年发布《关于进一步加强环境影响评价管理工作的通知》，强调要加强对规划环境影响评价机构的管理，规定了评价机构的职责和报告书审查要求。

环境影响评价工程师职业资格制度纳入全国专业技术人员职业资格证书制度统一管理，适用于从事规划和建设项目环境影响评价、技术评估和环境保护验收等工作的专业技术人员，通过统一考试、登记、继续教育等手段，实现对环境影响评价专业技术人员的动态管理。

通过环保部数据信息统计表明，当前全国共有 189 家甲级建设项目环境影响评价资质单位、981 家乙级建设项目环境影响评价资质单位，形成了面向社会专业化的环境影响评价技术服务体系。

规划环境影响评价管理的一个重要方面就是对职业技术人员的管理，评价人员技术水平偏低以及实用技术方法掌握有限都会导致规划环境影响评价实施受限。人事部、国家环保总局建立并完善了环境影响评价工程师职业资格制度（表 4.6），为开展规划环境影响评价工作提供了一定的技术支持和服务保障[118]。

表 4.6　环境影响评价工程师职业资格管理制度

年份	发布机构	管理规定
2004	人事部与国家环保总局	《环境影响评价工程师职业资格制度暂行规定》
2004	人事部与国家环保总局	《环境影响评价工程师职业资格考试实施办法》
2004	人事部与国家环保总局	《环境影响评价工程师职业资格考核认定办法》
2005	国家环保总局	《环境影响评价工程师职业资格登记管理暂行办法》
2005	国家环保总局	《关于环境影响评价工程师职业资格登记工作有关事项的公告》
2007	国家环保总局	《环境影响评价工程师继续教育暂行规定》

在从事规划环境影响评价的单位方面，环保部先后组织推荐了 4 批共 317 家规划环境影响评价从业单位，但是行政上这些环境影响评价单位仅仅为推荐单位，不具有强制性。除环保部推荐的评价单位外，其他一些部门根据本部门的特点也推荐了一些影响评价单位，如交通部在其发布的《关于交通行业实施规划环境影响评价有关问题的通知》中推荐了 10 个从事交通规划环境影响评价单位的名单。与国外参与环境影响评价主要为咨询单位和公司等方式不同的是，环保部推荐的 317 家环境影响评价单位，一半以上来自各级环保系统中的科研机构院所（表 4.7），此外，317 家单位中的 45.1%（143 家）是直接由项目环境影响评价过渡到规划环境影响评价领域的，占全国甲级建设项目环境影响评价单位的 80%左右，其中约 95%从事建设项目环境影响评价的高校有资质从事规划环境影响评价，而除 143 家既有的环

表 4.7 环保部推荐开展规划环境影响评价的单位

机构性质	研究院所	大专院校	设计院	公司
数量（总计 317 个）/个	179	46	44	48
比例/%	56.5	14.5	13.9	15.1

境影响评价单位外，新增加的规划环境影响评价单位中，大都来自科研院所和大专院校[119]。

由此看来，在我国规划环境影响评价的实践中，具有研究性质的机构开展了较多的实践。但是由于研究院所大都和环保部门有着千丝万缕的联系，往往难以保证评价的公正性，同时建设项目环影响评价单位在开展规划环境影响评价时难免伴随着以往建设项目环境影响评价的工作模式，这些因素都会对规划环境影响评价的有效开展造成一定的影响。

4.2 我国战略环境评价实施有效性问题诊断

4.2.1 战略环境评价理论研究

规划环境影响评价当前研究理论的症结主要表现在：

（1）从研究机构来看，我国针对战略环境评价领域的学术研究机构很少，全国仅有少数几家有关战略环境评价的研究中心，如 2004 年南开大学与国家环境保护总局环境工程评估中心联合成立国内第一家战略环境评价研究中心。当前我国在战略环境评价研究方面，没有专门的科研经费和课题研究，研究经费短缺，相比于其应用实践，战略环境评价的专业研究整体水平较低，进展缓慢。

（2）从研究主体来说，战略环境评价的理论研究主要在于两部分：一是战略/规划环境评价的基本理论知识、评价程序框架、评价技术方法等方面；二是规划/战略环境评价在不同领域和范围的应用研究以及其与其他理念方法的联系，如与生态文明、可持续发展、循环经济的关系。综合文献分析表明，战略环境评价的研究重点和研究范围大都是在前人项目环境影响评价研究的基础上进行补充完善，理论和技术的创新较少,对一些诸如战略环境评价与上位战略规划和下位项目的衔接方面、战略环境评价的有效性、运行机制和管理体制、技术方法的时效、跟踪评价等不同领域的研究较为滞后。此外,从世界环境保护科技的发展方向来看,研究领域逐渐由单一环境要素向生态系统整体转变,研究范围由小尺度向区域乃至全球扩展,研究过程从微观向宏观延伸是一个明显趋势。但从目前来看,我国的环境影响评价仍局限于单个环境要素的评价,普遍缺乏解决区域性、宏观性、复杂性环境问题的能力。

4.2.2　战略环境评价制度建设

环境问题主要产生于经济过程中的决策机制,以及经济过程中的各种社会和政治力量的运作。正确的理念,只有被设计为有效的公共政策或者被转化为一整套制度,才能在实践中变成规范有序的行动并发挥作用。战略环境评价要实现其价值和有效的发展,制度建设则尤为重要。尽管我国战略环境评价制度已然起步,《规划环境影响评条例》的出台更是使规划阶段的战略环境评价得以创新和发展。但是,从目前立法的现状来看,我国的战略环境评价制度还存在诸多缺陷。当前战略环境评价的制度问题主要表现在三个方面:①有章不循,虽然规划环境影响评价有规范的法律体系以及明确的政策要求,但是在执行过程中往往得不到真正的贯彻落实;②制度不规范,战略环境评价的制度建设涉及的部门、机构以及程序较多,不同部门机构间制度的衔接性和融合性较差,具体到应用实践中,战略环境评价在技术和操作层面的规章细则也不健全;③无章可循,战略环境评价开展过程中,一些环节如管理机制、责任监督、审批机制等方面没有具体科学的管理制度,这就为一些部门规避责任和不当的利益提供了方便。

战略环境评价的实施需要完善的法律体系作保障,《环评法》面临着缺乏具有可操作性的实施细则以及有威慑力的责任追究条款,即具体管理细则不明确、监督职能缺失、责任条款软弱等不足。《规划环境影响评价技术导则　总纲》中提出的环境影响评价工作程序的要求和技术方法未与具体的政府决策流程建立联系。因此,现有的战略环境评价大多从"省事"的角度出发,在决策链的末端进行,这使得规划环境影响评价真正的效用无法体现。此外，由于不同行业和类别的专项规划、指导性规划具有其各自的特点和复杂性，环境影响评价的开展应结合不同类别的规划合理展开，但是当前尚未颁布针对不同专项规划的环境影响评价技术导则和相关技术规范。

4.2.3　战略环境评价管理机制

4.2.3.1　管理机制

对于环境影响评价管理，其在实施运行过程中涉及了责任机制、监督保障机制。

在责任机制方面，规划环境影响评价的问责机制缺失，包括规划编制机关对规划的责任、组织开展环境影响评价的单位的责任、评价单位的责任、审批部门和专家的责任，这就造成了各机构对其责任的规避。

在保障机制方面，目前规划环境影响评价大都重审批、轻质量，重事前评价、轻事后监测评估，对后续规划实施后的跟踪评价没有要求，特别是生态建设指标、生态补偿制度和循环经济指标等都难以在具体的规划实施中实现，致使环境影响评价缺乏实用性，降低了环境影响评价对决策的影响力。尽管《环评法》中提出了开展规划环境影响跟踪评价的要求，但缺乏配套实施细则，导致该项规定无法落实，形同虚设，成为阻碍环境影响评价有效性的重要因素。此外，环境影响评价外部保障机制缺失，例如，如何通过规范主管部门、环境管理部门、投资主体及其他利益相关者之间的关系，从而提高环境影响评价的执行率和有效性；如何通过规范战略环境评价中的"委托-代理"关系来保障评价机构工作的独立性；如何通过与生态补偿机制、排污许可证制度、总量控制制度、区域限批制度等的有效衔接来保障环境影响评价成果的落实；如何通过建立地方政府环境绩效行政考核机制和问责制度来推动政府部门开展环境影响评价的主动性等，这些都是规划环境影响评价管理方面需要解决的问题。

规划环境影响评价和建设项目环境影响评价的联动机制欠佳，《国务院关于加强环境保护重点工作的意见》（国发〔2011〕35 号）提出要"建立健全规划环境影响评价和建设项目环境影响评价的联动机制",没有进行规划环境影响评价的,不得进行项目环境影响评价,规划环境影响评价完成较好的,可简化项目环境影响评价,并将"区域限批"逐渐作为固定的政策工具。但从目前来看,这一规定的原则性较强,操作性不够。由于规划环境影响评价的主体是规划部门,在环境影响评价得不到通过的情况下,规划部门都可以通过"逐条反驳意见"的形式,不采纳评价结论和建议,使得目前环保部门只能通过建设项目环境影响评价审批权来"倒逼"规划编制部门从形式上开展规划环境影响评价,力度较弱。此外,对于规划和建设项目的边界如何划分、内容如何衔接等关键问题仍然没有解决。

为保障规划的编制和实施,协调规划涉及的部门和区域,多数发达国家都在国家层面设立有专门的区域管理机构。与区域划分相适应,同时会制定差别化的区域环境管理政策和环境标准。最为普遍的是针对问题区域的重点管理政策,即首先通过一定的问题区域识别标准和识别机制,明确问题区域,如落后区域、萧条区域和膨胀区域等,然后制定针对性的管理政策,包括环境政策。我国当前正处于工业化后期,"两高一资"行业发展较快,因此,在环境影响评价领域亟须开展重点行业的差别化区域环境准入政策研究。2008 年,环保部选取了煤炭、火电、钢铁、水泥、铝工业、造纸、水电 7 个行业,根据不同行业的主要资源环境影响和不同区域对该种影响的承受能力,在全国进行了行业环境管理类型区划分,提出了不同行业分区域的环境准入政策和准入要点。从环境管理的角度出发,需要进一步扩展行业门类,并提出不同行业与区域发展总体战略及主体功能区战略相匹配的环境准入政策和技术要点,借此提高环境管理的有效性。

当前规划环境影响评价亟须解决和提升的问题包括:规划环境影响评价的分级审批机制,解决"宏微倒挂"问题;根据规划的性质、潜在环境影响等因素扩展规划环境影响评价文件的类别,提出编制深度上的差别化要求,制定规划环境影响评价分类管理名录;制定规划环境影响评价从业人员和机构资格认定管理规定;提出规划环境影响评价相关主体的责任认定和追究机制;借鉴国际上的成功经验,并根据我国国情,开展规划环境影响跟踪评价和环境影响后评价的配套管理规定。

4.2.3.2 部门协调合作

长期以来，我国行政部门突出的特点是机构设置偏多且决策与执行不分，职权交叉重叠，不同部门间的利益冲突较为明显。除了环境影响评价机构、审批机构、监督机构等机构设置外，战略环境评价在实施过程中涉及的其他部门众多，如环保部、交通运输部、国土资源部以及其他相关规划部门，因此，部门间的有效协调显得尤为重要。目前在治理环境、推进环境影响评价工作方面，我国还没有形成部门合作的联动机制，不同部门在人才、资源等方面没有形成合力，实现资源和信息的共享，影响环境影响评价的整体推进。

此外，与成熟的市场经济体制的国家相比，我国行政行为仍然带有经济干预的惯性，规划、政策等一般由政府部门操作，但是当前政府和相关部门对环境影响评价的重视度不够以及唯"GDP"是图的政绩观念，环保部门虽与各大部门平行（图 4.11），但是其在部门中处于弱势地位，在环境影响评价实施中的综合协调和管理的职能得不到明确的法律界定，环保部门无力抗衡地方政府的投资冲动，难以对地方政府支持规划和政策的实施进行严格的监管。这样一来，环境影响评价直接参与政府决策和部门规划会受到相关部门的抵抗，使得环境影响评价在决策层的作用大打折扣。

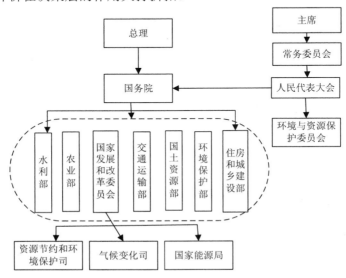

图 4.11　与规划环境影响评价相关的部门机构

从现阶段来看，我国的战略环境评价对决策的约束力还很弱。从国际经验来看，美国是战略环境评价参与综合决策做得较好的一个国家，美国总统办公室设有环境质量委员会，主席是总统的环境政策首席顾问。委员会的职责是在制定和实施环境政策和计划时，协调白宫各部门、各内阁部、各政府机构、州及地方政府等，以保证社会目标、经济目标和环境目标的平衡，将可持续的环境管理渗入到政府的各个部门。此外，环境质量委员会还赋有对政府行政过程进行环境影响评价的职责。我国的环保部也设有中国环境与发展国际合作委员会、国家环境咨询委员会和科学技术委员会，但其咨询的层级主要在环保部，还难以达到国家层面，另外，其主要是发挥咨询功能，没有像美国环境质量委员会具有的政府行政过程的战略环境评价职责。因此，伴随着我国环境影响评价体系的不断深化，战略环境评价参与综合决策的能力建设不断深化，我国需要在不同区域和不同领域进行战略环境评价参与综合决策的试点研究工作，为将来的战略环境评价广泛参与社会综合决策提供经验和工作方法。

4.2.3.3　评价机构能力建设

当前规划环境影响评价的机构人员管理中的问题包括：①质量管理体系仍不健全，部分机构未建立两级以上质量审核机制或质量审核流于形式，未落实环境影响评价工程师负责制，环境影响评价文件签字、用章、用证不够规范；②评价报告文件编制质量尚需提高，部分评价机构责任意识不强，借用外单位人员拼凑专职技术人员，实际工作能力与单位资质等级和业务范围有较大差距。

对于环境影响评价的专业技术而言，《环评法》第六条规定："国家加强环境影响评价的基础数据库和评价指标体系建设，鼓励和支持对环境影响评价的方法、技术规范进行科学研究，建立必要的环境影响评价信息共享制度，提高环境影响评价的科学性"。然而，由于缺乏资金支持和部门间的有效沟通，我国尚未建立起系统的环境影响评价数据库。数据的系统性、权威性、时效性不强，对环境影响评价工作的质量和效率造成了严重影响。目前环境影响评价的基础能力建设中，基础数据库建设应包括自然生态、社会经济、资源环境等各方面的基础数据库，主要的数据包括环保部门的环境要素监测数据、经济部门的产业数据、城建部门的城镇土地数据、人口部门的居民分布数据、水利部门的水文数据、国土部门的土地利用数据、气象部门的气候和气象数据、矿产和地质数据以及农林业部门的农业、林业、草地、渔业等数据。我国数据基础分散在各部门，需要将数据整合处理，作为共享数据为环境影响评价服务。将各级各类与环境影响评价相关的数据整合到国家环境影响评价基础数据库，可以最大限度地发挥环境影响评价的有效性。

为提高环境影响评价的有效性，环保部门建立数值模拟复核验算系统也是有效手段，但目前除环保部环境工程评估中心开展了部分工作外，省级环保部门还未开展类似工作。从世界各国环境管理的发展趋势来看，信息化、智能化、透明化是基本方向。我国现在所用的大气、地表水、地下水、噪声、生态等环境要素的环境影响评价模型，基本都是国外开发的模型，需要根据各地不同的情况进行"本土化"研究。随着环境影响评价领域的不断扩展和延伸，环境影响评价在风险评价模式、人体健康评价模式、累积影响评价模式等方面还属于空白。除了建设项目环境影响评价所需的模式之外，战略环境评价的模式基本还是以定位为主，定量甚至半定量模型都在环境影响评价中缺乏，也亟须开发应用。

4.2.4　战略环境评价公众参与

公众参与不仅是国际环境保护事业的潮流，也是我国环境影响评价体制中的制度工具。从国际上看，特别是发达国家，战略环境评价的公众参与贯穿了决策的前端到实施的过程和完成，参与的对象可以是任何的利益相关方及感兴趣方，公众参与已经成为程序化的安排。在我国，《环评法》及相关法规文件中也都明确规定，战略环境评价需要安排公众参与。但我国环境影响评价中的公众参与多为专家参与，普通公众难以获得相关信息。我国目前采用的《环境影响评价公众参与暂行办法》以及正在征求意见的《环境影响评价技术导则　公众参与》仅适用于建设项目环境影响评价，并且只是在一定程度上保障了公众的环境事务参与权和知情权，一些环境影响评价单位甚至采取各种手段规避环境影响评价应当进行的公众参与工作。而对于战略环境评价、后期监管等环节尚没有明确和规范的公众参与管理规定，难以保障公众的环境监督权、检举权以及环境行政和司法救济权，这些方面权利的缺失在一定程度上阻碍了公众参与环境事务的积极性和可行性。

4.3 本章小结

本章基于战略环境评价的"制度环境—理论研究—管理系统—应用实践"分析框架，从两个角度对战略环境评价的运行现状与效果开展研究：

（1）我国战略环境评价的有效性剖析。通过对战略环境评价制度的理论研究和实践进展进行系统梳理、总结的基础上，从制度环境、管理机制等方面对我国战略环境评价的运行现状效果进行剖析。

（2）对我国战略环境评价实施有效性的问题和发展"瓶颈"进行诊断。在上述分析的基础上，本书从战略环境评价的理论研究、制度建设、部门协调合作、管理机制、公众参与以及能力建设等方面对我国战略环境评价的问题和"瓶颈"进行分析诊断。

根据对我国战略环境评价的有效性剖析及问题诊断，得出以下结论：

（1）国际研究着重于战略环境评价的技术程序、有效性评估及回顾分析、应用与实践分析、环境因素纳入决策的分析等。对于战略环境评价的应用案例研究主要集中于空间、土地利用规划、交通规划以及其他相关公共设施规划。在研究的地理分布上，50%是针对欧洲国家的研究（其中英国占 10%），我国的研究占 9%左右，加拿大经验研究占 7%左右。我国战略环境评价的研究主要集中于 4 个领域：基础理论研究，技术方法学和指标体系的研究，"一地、三域、十个专项"的专项应用研究以及案例研究等 4 部分。近几年，研究重点逐步转向针对不同规划的研究和案例研究，其中方法学研究仍是学者关注较多的领域。

（2）我国战略环境评价的应用与实践主要集中于区域建设开发利用规划、城市建设规划、工业规划、土地开发利用规划和交通规划的环境影响评价,农业、林业和畜牧业等规划的环境影响评价的研究和实践相对较少。

(3)我国战略环境评价存在制度、管理以及能力建设等方面的问题,如相关技术导则和法律规章等不完善、实施管理、监督管理以及机构人员方面的管理机制尚不健全;公众参与在一定程度上缺失;部门间的协调合作不够等。

第 5 章
战略环境评价有效性影响因素识别与影响机理

战略环境评价的开展是个复杂的过程,有效性的研究要弄清楚战略环境评价背后的驱动因素和作用机制,有效性的高低要受到众多因素的影响,本章的目的即在于通过假设检验和主成分分析法及多元回归方程确定战略环境评价制度运行有效性的影响因子,为建立科学的有效性评价指标体系提供依据。本章和第 6 章侧重于我国战略环境评价有效性机制和评估模型方法的研究。

5.1 影响因子假设

从战略环境评价整体运行来看,其运行过程一般包括了规划/政策制定过程、战略环境评价过程、公众参与、战略环境评价评审过程等环节,每一环节都会对战略环境评价的有效性产生不同程度的影响。国内部分学者从不同角度和层面对战略环境评价有效性的影响因素进行了研究,为本书提供了一定的思路和借鉴。

对于环境影响评价有效性的构成内容或者影响因素,很多学者作了相关探讨。Sadler[47]认为影响环境影响评价有效性的因素主要包括以下几个方面:①在程序上,缺乏完善的环境影响评价技术导则或者指南的规范性;②在技术上,环境影响评价报告书的质量、影响预测评估的准确性以及减缓措施的适用性;③在结构上,环境影响评价没能很好地与项目、决策以及相关政策管理过程相互融合;④在环境意识和对待环境影响评价态度上,政府和项目开发方对环境影响评价的了解和认识有限，从而对环境影响评价的重视程度不够，将环境影响评价仅仅作为项目审批的一项任务；⑤在制度上，环境影响评价的定义和应用范围的广度不够，没能将累积影响、社会影响分析以及健康影响分析等纳入评估范围内。Partidario[120]总结了目前制约战略环境评价实践有效执行的主要因素，主要包括以下几点：①评价机构以及决策部门缺乏相应的专业知识和经验；②机构和部门间的协调沟通不畅；③评价过程中信息资料和资金的缺乏；④缺乏指导性的技术导则和管理机制；⑤政府决策部门开展 SEA 的意愿不充分；⑥SEA 介入规划决策的时间较晚；⑦缺乏科学的可操作的技术方法；⑧缺乏有效的公众参与；⑨缺乏对 SEA 的责任机制的规定。

Ortolano 等[13]从管理学角度出发，采用组织控制功能方式，研究影响环境影响评价有效性的制度因素。即将"环境影响评价制度执行有效性"作为因变量，将不同的"组织控制功能"作为自变量，判定"组织控制功能"与"环境影响评价制度执行有效性"的关系以及强弱程度。提出环境影响评价中潜在的 6 种自变量：x_1—法律控制；x_2—程序控制；x_3—工具控制；x_4—职业控制；x_5—评审控制；x_6—公众压力控制，从而得出公式：

$$F（G）=f（x_1, x_2, x_3, x_4, x_5, x_6） \qquad （5.1）$$

由于环境影响评价的实施受各种因素的影响，组织控制因素是其中的一部分影响因素，除此之外还有其他的非组织控制因素 y_i，如技术、方法等，在不同程度上影响环境影响评价的有效性。将组织控制因素和非组织控制因素结合起来，则得到评估环境影响评价有效性的公式：

$$F（G）=f（x_1, x_2, x_3, x_4, x_5, x_6；y_1, y_2, y_3, \cdots, y_n） \qquad （5.2）$$

Runhaar[121]通过对战略环境评价有效性影响因素相关文献的分析，将影响因素按照出现频率计算，探讨战略环境评价影响政策制定的主要因素（表 5.1），研究表明，"战略环境评价能否灵活介入决策制定全过程"是战略环境评价影响决策制定的主要因素；此外，利益相关者的参与被认为是战略环境评价影响决策制定的另一主要因素，战略环境评价预测、评估阶段开展公众参与可增加战略环境评价的科学性和结果的准确性。

表 5.1　战略环境评价影响政策制定的因素[121]

影响因素	涉及频率
SEA 纳入决策制定中的灵活性	11/15
利益相关者的参与	11/15
SEA 过程的透明性	6/15
SEA 对规划和决策的约束作用	6/15
SEA 质量好坏	5/15
SEA 的价值在政策的价值中有所体现	4/15
识别环境/可持续性问题	4/15
SEA 与其他评价的层次关系	3/15
充足的信息来源	3/15
有效的交流沟通	3/15

李天威等[122]从系统的角度对环境影响评价的内涵和环境影响评价有效性展开了探讨，认为环境影响评价是由不同相互作用和影响的行为要素组成的系统，是以实现可持续发展为目标，以协调经济、社会和环境的关系为基本内容的系统。研究对影响环境影响评价有效性的行为因素进行了分析，并将这些行为因素划分为战略规划行为、管理控制行为和技术业务行为（图 5.1）。

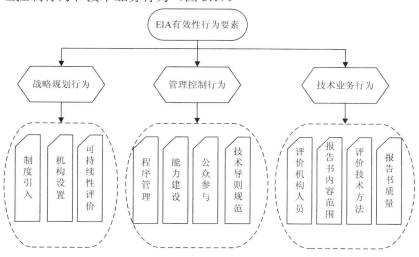

图 5.1　环境影响评价有效性的行为因素

注：根据李天威等[122]论述作图。

毛渭锋等[123]认为环境影响评价是一个多要素、多目标的系统，因此影响其有效性的因素也各不相同，并从系统的观点出发，将影响我国环境影响评价制度体系的要素划分为法规层、管理层、操作层以及技术信息层等不同的层次（图5.2）。

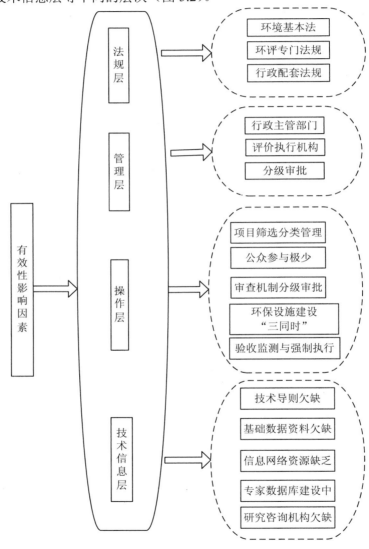

图 5.2　环境影响评价有效性评估理论研究

注：根据毛渭锋等[123]论述作图。

从前人的研究成果来看，学者们认为影响战略环境评价的因素主要有制度法规、规划决策过程、技术方法、数据获取、公众参与、评价机构等方面。但学者们的研究结论都是从各自的研究对象和专业知识出发的，有的以项目环境影响评价为研究对象，有的以规划环境影响评价为研究对象。针对战略环境评价有效性影响因素的研究主要集中在宏观和微观层次的输入，即关注战略环境评价的制度形式、报告书和过程的质量，这些因素是保证战略环境评价有效性的重要组成部分。

本书认为判定影响战略环境评价有效性的因素应从更具体的层面考量，分析影响战略环境评价有效性的潜在原因，同时研究不同影响因素间的关系和影响机理。为深入识别影响战略环境评价有效性的因素，本书分别于 2009 年、2011 年开展了两次战略环境评价有效性的问卷调查（首届我国战略环境评价国际论坛，香港，2009 年；第二届我国战略环境评价国际论坛，天津，2011 年）。两次问卷的调查对象主要为全国不同区域和地方环境影响评价的从业人员（大专院校、研究院所以及环境影响评价单位）、规划部门和少数政府部门人员。第二次问卷调查是在第一次调查结果以及专家咨询的基础上设计开展（影响因素识别过程见图 5.3）。

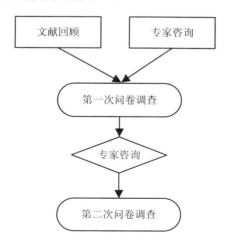

图 5.3　战略环境评价有效性因素的识别过程

本书的问卷分为四大部分：

第一部分，即"基本情况"部分，是对受访对象基本情况的说明。

第二部分，即"问卷正式内容"部分，是对受访者关于战略环境评价执行有效性的询问和回答，主要包括战略环境评价评估程序、评估方法、评估结果等几个方面。

第三部分，是对受访者关于战略环境评价有效性的询问和回答，每个方面均通过设置 2～3 个问题，从不同侧面对受访者进行提问，请其在"非常同意、同意、较同意、不同意、非常不同意"5 个选项中进行选择，以表达其对战略环境评价功能发挥的评价。

第四部分，是对受访者关于战略环境评价有效性影响因素以及因素重要性方面的询问。

本章主要对影响战略环境评价有效性的因素进行数据分析。

第一次问卷调查（基本数据描述见表 5.2）发放问卷 160 份，回收 110 份，回收率为 68.8%。问卷分析对影响我国战略环境评价有效性的主要因素和问题进行了探讨，问卷内容和统计结果见表 5.3。

表 5.2 基本数据描述

基本情况	内容	频次	比例%
性别	男	58	52.7
	女	52	47.3
学历	大学本科	18	16.4
	硕士及以上	92	83.6
职业	高校	52	46.9
	环评单位/咨询部门	48	44.4
	政府部门	10	8.7

表 5.3 影响我国战略环境评价实施有效性的主要因素

	问卷题目（简略）	平均数	最小值	最大值	标准差
技术方法	评价方法灵活	2.73	1	5	1.219
	评价方法僵硬	3.71	1	6	1.379
	缺乏技术方法的管理	4.44	1	6	1.169
	SEA 缺乏早期介入	4.56	1	6	1.141
	缺乏经验和方法	4.76	1	6	0.990

	问卷题目（简略）	平均数	最小值	最大值	标准差
技术方法	较少考虑替代方案	4.11	2	6	1.209
	缺乏应对不确定性的技术方法	4.59	1	6	1.506
信息数据	部门间缺乏信息共享	5.34	4	6	0.618
	部门间数据不统一	5.03	2	6	0.960
	数据质量差	4.58	2	6	1.033
	缺乏案例参考	4.29	2	6	1.088
	决策初期信息保密	4.29	2	6	1.094
公众参与	公众参与缺乏主动	4.56	1	6	1.118
	公众参与缺乏法律支持	4.77	2	6	1.132
	参与对象不合理	4.35	1	6	1.177
	公众缺乏环境意识	4.05	1	6	1.270
	公众对规划了解程度有限	4.78	2	6	0.887
	公众与规划的利益关系	4.68	1	6	1.007
	公众意见效力有限	4.71	1	6	1.070
环评机构	缺乏经验	4.17	2	6	1.110
	权力不够	3.99	1	6	1.214
	其他部门权力过大	4.42	1	6	1.353
决策过程	自上而下的管理特权	4.51	2	6	0.890
	部门间缺乏沟通协调	4.84	3	6	0.724
	缺乏系统的决策过程	4.71	2	6	0.803
	缺乏透明度	4.66	2	6	0.918
制度背景	缺乏监管与惩治的立法规定	4.78	2	6	0.929
	环评法缺乏对责任的规定	4.41	2	6	1.092
	缺乏实施的法律支持	4.41	1	6	1.204
	缺乏政治意愿，经济发展为主	4.61	1	6	1.018
	缺乏财政支持	3.97	1	6	1.309
	政府缺乏执行力	4.10	1	6	1.226
	上级对下级缺乏调控权力	3.81	1	6	1.156
国际经验	难以获得国际成案例和文献	3.47	1	6	1.412
	国际注重理论对中国影响较小	4.17	2	6	1.211
	不同国家间的制度差异	4.69	2	6	1.048
	语言文化差异	3.55	1	6	1.273

注：尺度从"非常不同意"（1）到"非常同意"（6）。

根据表 5.3 描述统计结果，本书选取对战略环境评价有效性影响较大的因素（平均数≥4.5）进行下一轮的问卷调查。其中包括"部门间缺乏信息共享"（5.34）、"部门间数据不统一"（5.03）、"部门间缺乏沟通协调"（4.84）、"公众对规划了解程度有限"（4.78）、"缺乏监管与惩治的立法规定"（4.78）、"公众参与缺乏法律支持"（4.77）、"缺乏经验的技术方法"（4.76）、"公众意见效力有限"（4.71）、"缺乏系统的决策过程"（4.71）、"不同国家间的制度差异"（4.69）、"公众与规划的利益关系"（4.68）、"决策过程缺乏透明度"（4.66）、"缺乏政治意愿，经济发展为主"（4.61）、"缺乏应对不确定性的技术方法"（4.59）、"数据质量差"（4.58）、"SEA 缺乏早期介入"（4.56）、"公众参与缺乏主动"（4.56）、"自上而下的管理特权"（4.51）。

本书对上述七大类影响因素的描述性统计分析（表 5.4）表明，影响战略环境评价有效性的最主要的三类因素依次为"信息数据""决策过程"和"立法政治与制度背景"。其中调查分析显示，"信息数据"该题项的最小得分为 3，且只有一位被调查者选择此分数等级，说明被调查者对战略环境评价所涉及的"信息数据"问题有较为统一的认识；此外，虽然近年来学术界较为重视战略环境评价的"技术方法"等问题的研究与开发，但是本次量表统计中，被调查者大都认为其对战略环境评价有效性的影响没有"信息数据"和"决策过程"重要。

表 5.4　影响战略环境评价有效性的主要因素

问卷题目（简略）	平均数	最小值	最大值	标准差
技术方法	5.01	2	6	1.109
信息数据	5.39	3	6	0.687
公众参与	5.05	3	6	0.815
评价机构	5.08	1	6	0.859
决策过程	5.32	1	6	0.777
立法制度背景	5.28	3	6	0.767
国际经验	4.52	2	6	0.814

注：尺度从"很不重要"（1）到"很重要"（6）。

其他影响程序较小的因素，例如，战略环境评价的"国际经验"则不进入下一轮的量表统计调查中，被调查者对战略环境评价的"国际经验"趋于中立，量表显示"国际经验"对战略环境评价有效性介于"有点重要"和"重要"之间，且在七个因素中排名最后。可见，被调查者并不认为"国际经验"对我国战略环境评价的发展具有重要的借鉴意义。被调查者一般认为由于不同国家间的"制度差异"，导致"国际经验"对我国战略环境评价的借鉴作用不是很大。

第二次战略环境评价有效性问卷调查是在综合第一次调查的结果以及相关研究成果的基础上，采用专家咨询法，向从事战略环境评价实践的组织机构人员、从事研究的院校科研人员以及从事管理和执行的相关环保部门等群体开展咨询。本书于 2011 年 7 月通过网络邮件和电话咨询"您认为影响战略环境评价有效性的因素有哪些？"，并将第一次问卷统计分析甄选的影响因素附上，咨询专家对这些因素的意见和建议。共收到有效答复邮件 33 封，有效答复率为 54%，这对于网络调查而言是可以接受的。咨询反馈结果表明，不同专家和人员对影响战略环境评价的因素以及影响程度的看法不同，专家对现有的影响因素进行评判，并在此基础上，又提出了其他可能影响战略环境评价有效性的因素，其中列举了 6 条以下的专家有 5 位，列举了 6～10 条的有 21 位，列举了 10 条以上的有 7 位。结合第一次问卷调查结果、文献研究成果和专家的意见反馈，本书把影响战略环境评价有效性的因素归纳为 7 类（技术方法、信息数据、公众参与、战略环境评价机构、规划决策过程、立法制度背景、管理程序）27 个指标，并对各个指标如何影响战略环境评价展开初步假设（表 5.5）。

表 5.5　战略环境评价有效性的影响因素假设

影响因子（简化）	影响因子释义及假设
对方法的研究掌握	对 SEA 技术方法的研究成果：越重视 SEA 方法研究，有效性越高
缺乏实用方法	对 SEA 技术方法的应用程度：方法掌握程度越高，有效性越高
缺乏信息共享	技术方法的实用性以及可操作性：实用性和可操作性越好，有效性越高
部门数据迥异	部门间信息的协调与共享：部门信息共享度越高，有效性越好
数据质量差	部门间获取数据的口径及途径：数据一致性越好，有效性越高

影响因子（简化）	影响因子释义及假设
数据信息保密	数据的质量和可靠性：数据质量越高，有效性越高
公众不了解规划	部门数据保密度以及公开性：数据透明度越高，有效性越高
公众参与缺乏保障措施	公众对规划的了解程度：公众对规划了解越多，有效性越高
公众缺乏环境意识	公众参与的保障机制：保障机制越成熟，参与有效性越好
公众意见被忽视	公众环保意识以及相关知识：公众环保意识越高，有效性越高
评价缺乏专业知识	对公众意见的重视度和采纳度：对公众意见重视度越高，有效性越好
缺乏对评价机构的监管	评价机构、人员的能力建设：评价机构专业知识越高，有效性越高
机构需资质管理	评价机构的监督管理机制：监督管理机制越完备，有效性越高
自上而下的决策方式	评价机构的资质和人员管理：资质和人员管理机制越完备，有效性越高
规划对评价建议的采纳	决策方式的合理性：决策方式越合理，有效性越高
部门利益协调	规划对 SEA 结论的重视度和采纳程度：重视度和采纳度越高，有效性越高
缺乏系统决策程序	不同部门间的利益协调与沟通：部门间合理的沟通协调，有效性越高
缺乏透明度	决策程序的科学性和系统性：科学合理的决策程序能促进有效性
缺乏监管惩治立法规定	决策的透明性和公开性：决策透明度和公开度越高，有效性越好
缺乏义务责任	SEA 相关法律规章：法律规章的完备性越好，有效性越高
缺乏政治意愿	SEA 相关责任以及监管机制：责任与监管机制越健全，有效性越高
政策执行能力有限	规划决策部门的发展政治意愿：环境保护意愿越高，有效性越高
缺乏管理程序	政策的执行能力：政策执行有力，则有效性越高

5.2 影响因子检验

根据前文对影响因子的假设，本书设计了第二次调查问卷，拟通过调查统计，分析各个因素对规划环境影响评价有效性的影响程度，进而确定不同因素的影响力大小。调查问卷由基本信息、有效性综合评价、有效性影响因素等部分组成。基本信息包括单位名称、职称、文化程度；问卷判断采取单项选择的形式，最后通过开放式问题征求被调查者对提高战略环境评价有效性的建议。

5.2.1 数据采集及样本分析

5.2.1.1 样本选择及数据来源

调查途径采取网络电子邮件和会议现场调查法，即通过网络查找各调查对象的电子信箱，然后向其发送调查问卷，并请其在规定时间内将填好的问卷发回指定邮箱。此外，2011 年第二届中国战略环境评价学术论坛上发放 120 份问卷（参会人员主要是来自全国各地的环境影响评价从业人员、研究院所、规划部门和少数政府部门人员）。为使问卷更加合理有效，在进行正式调查之前，随机选取了 40 个样本进行预调查，回收有效问卷 23 份。通过预调查，对问卷中不合理的地方进行改进完善。问卷完善后，分别于 2011 年 9 月和 10 月通过会议和网络电子邮箱向调查对象发送了 160 份问卷，收回问卷 98 份，回收率为 61.3%，其中有效问卷 91 份，有效率为 92.9%。通过网络调查的方式回收率稍低，一部分调查对象的电子邮箱有误，发送的邮件被系统自动退回，一部分调查对象因时间等原因未将问卷返回。但有效问卷达 91 份，根据本书建立的模型中解释变量的个数，该样本量满足统计分析所需样本量的要求。问卷的数据分析采用专业统计分析软件 SPSS 19.0 完成。

其中 46.9% 问卷样本来自高校，44.4% 来自环境影响评价机构/咨询公司，8.7% 来自政府部门和规划部门。由于调查对象主要是环境影响评价的从业人员，因此调查结果反映了战略环境评价专业人员对我国目前战略环境评价开展情况和有效因素的观点，本书调查基本数据描述见表 5.6。

表 5.6 基本数据描述

基本情况	内容	频次	比例/%
性别	男	48	52.7
	女	43	47.3
学历	大学本科	16	17.6
	硕士及以上	75	82.4
职业	高校	42	46.9
	环评单位/咨询部门	41	44.4
	政府部门	8	8.7

5.2.1.2 有效样本对 SEA 有效性影响因子的认知

为准确了解战略环境评价有效性的影响因子及其影响程度，本书将影响因子设计成表格的形式，根据五点量表法将影响因子的影响程度分为很大、比较大、一般、比较小、很小 5 个等级，分别以数字 5、4、3、2、1 表示分值，调查中，参与者对不同因素的影响程度进行评判，根据每个变量所属的所有具体问题的打分的平均值，作为该变量值。通过对有效问卷整理后发现，被调查对象对规划环境影响评价有效性影响因子的认知情况如表 5.7 所示。

表 5.7 战略环境评价有效性影响因素描述性统计

影响因子	非常同意（5 分）		同意（4 分）		较为同意（3 分）		不同意（2 分）		非常不同意（1 分）		均值
	频次	比例/%	频次	比例/%	频次	比例/%	频次	比例/%	频次	比例/%	数值
方法掌握有限	16	17.6	53	58.2	19	20.9	3	3.3	0	0.0	3.90
缺乏实用方法	24	26.4	42	46.2	22	24.2	3	3.3	0	0.0	3.96
缺乏信息共享	56	61.5	32	35.2	3	3.3	0	0.0	0	0.0	4.58
部门数据迥异	48	52.7	40	44.0	3	3.3	0	0.0	0	0.0	4.49
数据质量差	32	35.2	41	45.1	17	18.7	1	1.1	0	0.0	4.14
数据信息保密	38	41.8	38	41.8	10	11.0	5	5.5	0	0.0	4.20
公众不了解规划	34	37.4	37	40.7	14	15.4	6	6.6	0	0.0	4.09
公众参与缺乏保障措施	34	37.4	45	49.5	9	9.9	3	3.3	0	0.0	4.21

影响因子	非常同意 (5 分)		同意 (4 分)		较为同意 (3 分)		不同意 (2 分)		非常不同意 (1 分)		均值
	频次	比例/%	频次	比例/%	频次	比例/%	频次	比例/%	频次	比例/%	数值
公众缺乏环境意识	13	14.3	30	33.0	25	27.5	23	25.3	0	0.0	3.36
公众意见被忽视	31	34.1	33	36.3	21	23.1	5	5.5	1	1.1	3.97
评价缺乏专业知识	16	17.6	38	41.8	23	25.3	14	15.4	0	0.0	3.62
缺乏对评价机构的监管	17	18.7	31	34.1	27	29.7	16	17.6	0	0.0	3.54
机构需资质管理	13	14.3	42	46.2	28	30.8	8	8.8	0	0.0	3.66
自上而下的决策方式	26	28.6	49	53.8	13	14.3	3	3.3	0	0.0	4.08
规划对评价建议的采纳程度	42	46.2	41	45.1	6	6.6	2	2.2	0	0.0	4.35
部门利益协调	39	42.9	43	47.3	9	9.9	0	0.0	0	0.0	4.33
缺乏系统决策程序	26	28.6	46	50.5	17	18.7	2	2.2	0	0.0	4.05
缺乏透明度	28	27.7	59	58.4	12	11.9	2	2.0	0	0.0	4.13
缺乏监管惩治立法规定	42	46.2	38	41.8	8	8.8	3	3.3	0	0.0	4.31
缺乏义务责任	25	27.5	46	50.5	16	17.6	4	4.4	0	0.0	4.01
缺乏政治意愿	35	38.5	46	50.5	8	8.8	2	2.2	0	0.0	4.25
政策执行能力有限	29	31.9	38	41.8	16	17.6	8	8.8	0	0.0	3.97
缺乏管理程序	29	24.2	47	51.6	12	13.2	3	0.0	0	0.0	4.12

从表 5.7 和图 5.4 中可以发现，在被调查对象看来，对战略环境评价有效性影响较大的因子是"部门间缺乏信息共享"（4.58）、"不同部门的数据迥异"（4.49）、"规划对评价建议的采纳程度"（4.35）、"部门间缺乏利益协调"（4.33）、"缺乏监管惩治的立法规定"（4.31）、"决策部门缺乏 SEA 的政治意愿"（4.25）等因素，影响较小的因子包括"评价机构人员缺乏专业知识"（3.62）、"缺乏对评价机构的监管"（3.54）、"公众缺乏环境意识"（3.36）。

为更好地区分各影响因子的影响程度，将平均值为 4.25～5.0 的因子称为"重要影响因子"，包括"缺乏信息数据的共享"等 6 个因子；将平均值为 4.0～4.25 的因子称为"次重要影响因子"，包括"公众参与缺乏保障措施"等 10 个因子；将平均得分值在 4.0 以下的因子称为"不重要影响因子"，包括"政策执行能力有限"等 8 个因子。

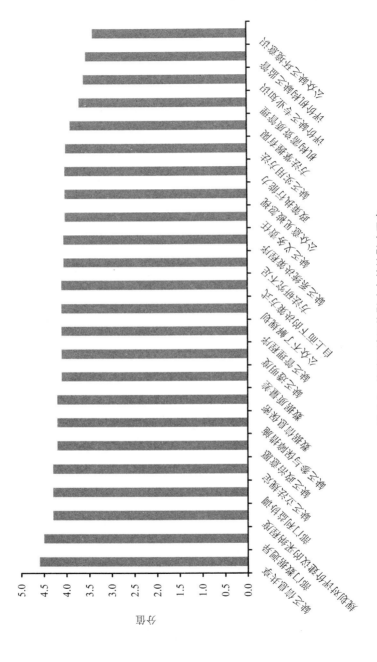

图 5.4 战略环境评价有效性影响因素

虽然从各影响因子的平均得分值将其分为三类,但各类中不同影响因子的影响程度排序和总体影响程度并不一致,每类影响因子的调查统计分别如图 5.5 至图 5.10 所示。

对于技术方法因素来说,图 5.5 表明对战略环境评价有效性影响程度较大的因素为"技术方法研究不足",影响程度较小的为"技术方法掌握有限"。

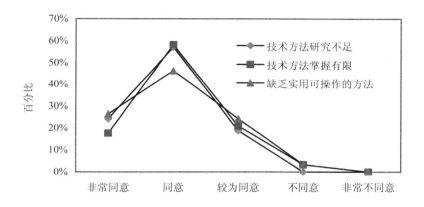

图 5.5　战略环境评价的技术方法因素

对于信息数据因素来说,图 5.6 表明对战略环境评价有效性影响程度较大的因素为"缺乏信息共享"和"部门数据迥异",影响程度较小的为"数据质量差"。

由于我国战略环境评价的开展涉及领域范围较广,包括"一地、三域、十个专项"等不同层次和行业的规划体系,如环保部门、规划部门、交通部、水利部、国土资源部等多个部门,且在同一个战略环境评价实施过程中,也需要环保部门、规划部门、政府决策部门等相关部门的参与。当前我国不同部门间缺乏有效的沟通协调,在人才、资源等方面没有形成合力,信息和数据缺乏共享机制,这就会造成资源的浪费。同时,由于不同部门的统计口径不一样,同一地区的信息数据相差较大,使战略环境评价在数据参考方面较为困难。

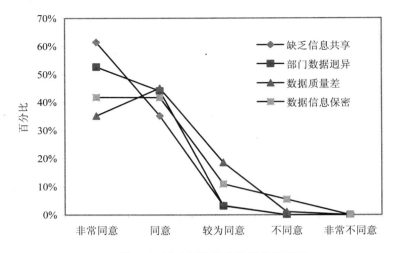

图 5.6　战略环境评价数据信息因素

对于公众参与来说，图 5.7 表明对战略环境评价有效性影响程度较大的因素为"缺乏参与保障措施"和"公众不了解规划"，影响程度较小的为"公众缺乏环境意识"。由此看出，公众本身的素质和环境意识并不是影响环境影响评价中公众参与的主要问题，其外在的法律保障体系以及规划的公开透明度对公众了解规划和参与规划有着重要的影响。

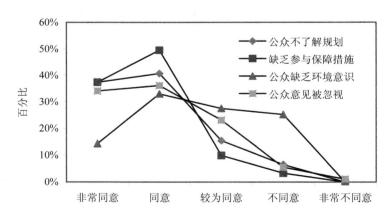

图 5.7　战略环境评价的公众参与因素

在战略环境评价评价机构和人员等问题上，图 5.8 表明该类因素对战略环境评价有效性影响程度均不大（≤4），其在所有的影响因素中评价得分最低。该类影响因素中，相对而言较为明显的因素为"机构需资质管理"，影响程度较小的为"评价缺乏专业知识"和"评价机构缺乏监管"。

需要说明的是，由于本书设置的是 5 个分数等级，在"评价机构和技术人员"的几个相关问题中，因素最高得分为 3.66，表明被调查者在问及本行业的情况时，并未达到一个明显的、积极的倾向，只是表现出略高于中立的态度倾向。

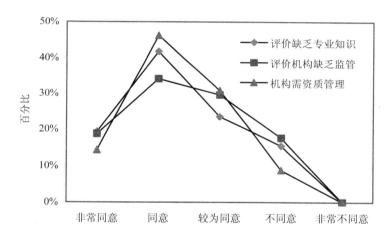

图 5.8　战略环境评价的评价机构监管因素

根据表 5.7 描述性统计的结果可知，规划的"决策过程"对战略环境评价的有效性有较为重要的作用（≥4），被调查者认为表中所列因素对决策过程都有一些影响，平均得分均在 4.05～4.35 分，在影响程度上，被调查者认为"规划对评价建议的采纳程度"（4.35）以及"部门间的目标和协调"（4.33）等问题为主要的影响因素，其次排序依次为"决策过程缺乏透明度"（4.13）、"自上而下的管理决策方式"（4.08）和"缺乏系统的决策制定过程"（4.05）（图 5.9）。

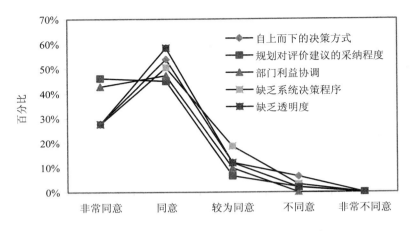

图 5.9　战略环境评价的部门决策机制因素

对于立法制度背景来说，图 5.10 表明对战略环境评价有效性影响程度都比较大（≥4）。较大的因素为战略环境评价制度缺乏"监管和惩治的立法规定"（4.31）和"缺乏政治意愿"（4.25），影响程度较小的为"政策执行能力有限"（3.97），被调查者态度趋于中立。总体看来，影响我国战略环境评价有效开展的主要立法制度因素为对战略环境评价的监管以及政府追求 GDP 的政绩观。

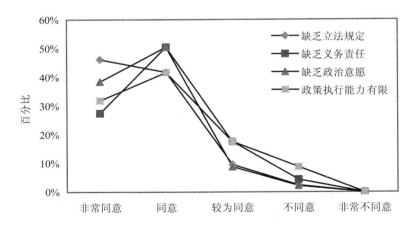

图 5.10　战略环境评价的立法制度环境因素

5.2.2　模型检验

　　基于前文对规划环境影响评价有效性影响因子的假设及调查对象的认知情况，本书通过构建回归模型进行检验，以验证假设是否合理，从而确定规划环境影响评价有效性的影响因子。

5.2.2.1　效度检验

　　为确定调查问卷的科学性与合理性，对调查的数据进行效度（validity）和信度（reliability）分析。效度是指量表的有效性和正确性，即量表能够测量出其所预测特性的程度。效度越高，表明测量结果越能显示所要测量对象的真正特征。一般而言，调查量表构建，需要检验两种常见的效度：内容效度（content validity）和结构效度（construct validity）。

　　主成分分析要求原始变量之间要具有较强的相关性，如果原始变量间不存在较强的相关关系，就无法从中综合出能反映某些变量共同特性的少数公共因子变量。因此，必须在主成分分析之前计算原始变量的相关系数矩阵，以检验是否适合作主成分分析。本书通过结构效度来检测量表内容的适合性和相符性，比较常用的是 KMO（Kaiser-Meyer-Olkin）检验，KMO 取值越大，则表示变量间的共同因素越多，说明量表比较适用于因素分析。运用 SPSS19.0 统计软件的因子分析功能进行结构效度检验，计算得到量表的整体效度为0.721，根据统计学家 Kaiser 给出的标准，如果量表的 KMO 值小于0.5，则不适合做因素分析，本书数据表明量表具有较高的有效性。

表 5.8　效度检验分析

取样足够度的 Kaiser-Meyer-Olkin 度量		0.721
Bartlett 的球形度检验	近似卡方	828.810
	df	276
	Sig.	0.000

5.2.2.2　信度检验

　　在效度分析完成后，为进一步了解量表的可靠性和有效性，需要做信度检验。信度是指运用信度系数判断其内部一致性可靠程度，一般而言，信度与随机误差相对应，即信度越高，随机误差就越小。问卷的内部一致性信度需要根据问卷结构的一致性程度对测量信度做出评定，最常见的方法是内部比较信度（internal-comparision reliability）和重测信度（test-retest reliability）。内部信度常用的方法是克朗巴哈 α（Cronbach's α）系数。一般而言，α 系数值大于 0.8 表示内部一致性极好，α 为 0.6~0.8 表示较好，α 低于 0.6 表示内部一致性较差。在实际应用上，α 系数值至少要大于 0.5，最好能大于 0.7[124]。本书运用 SPSS19.0 统计软件计算得到 α 系数为 0.871，说明本问卷具有较高的信度水平。

表 5.9　量表的信度检验分析

影响因子 （简化）	项已删除的 刻度均值	项已删除的 刻度方差	校正的项总计 相关性	项已删除的 Cronbach's α 值
方法研究	93.32	88.242	0.214	0.872
方法掌握	93.47	87.496	0.246	0.871
实用方法	93.42	83.490	0.490	0.864
信息共享	92.79	86.434	0.438	0.867
数据迥异	92.88	85.974	0.478	0.866
数据质量	93.23	83.802	0.502	0.864
数据保密	93.18	81.080	0.624	0.860
公众了解	93.29	82.273	0.510	0.864
保障措施	93.16	85.695	0.362	0.868
环境意识	94.01	81.967	0.451	0.866
意见忽视	93.41	82.400	0.465	0.865
专业知识	93.76	83.919	0.372	0.869
监督管理	93.84	81.539	0.490	0.865
资质管理	93.71	83.717	0.452	0.866
决策方式	93.30	84.567	0.448	0.866
采纳程度	93.02	86.577	0.322	0.869
部门利益	93.04	84.487	0.534	0.864
决策程序	93.32	82.953	0.569	0.862
决策透明度	93.24	82.963	0.598	0.862
立法规定	93.07	83.773	0.492	0.864
义务责任	93.36	85.878	0.325	0.869
政治意愿	93.12	86.863	0.298	0.870
执行能力	93.41	83.577	0.407	0.867
管理程序	93.25	84.102	0.477	0.865

通过问卷的信度与效度检验，可以确定回收量表总体上是科学合理的，可以用来测量调查对象对规划环境影响评价有效性影响因子的认知情况。

5.3 影响因子确定

本书通过 SPSS 探索性因子分析中的主成分分析法（principle components analysis）提取公因子，即通过求解因子载荷矩阵，得出公因子载荷矩阵表，在此基础上采用方差极大法，得出旋转后的因子载荷矩阵。根据因子抽取个数的一般原则，抽取累计方差贡献率达到或超过 80% 的影响公因子，并将公因子表示为原始变量的线性组合，进而提取公共因子。利用 SPSS19.0 统计软件得到的公因子载荷矩阵如表 5.10 所示。

表 5.10 公共因子载荷矩阵

成分序号	初始特征值			提取平方和载入			旋转平方和载入		
	合计	方差/%	累积/%	合计	方差/%	累积/%	合计	方差/%	累积/%
1	6.403	26.679	26.679	6.403	26.679	26.679	2.809	11.703	11.703
2	2.153	8.969	35.648	2.153	8.969	35.648	2.192	9.132	20.835
3	1.761	7.336	42.984	1.761	7.336	42.984	2.130	8.875	29.710
4	1.453	6.053	49.037	1.453	6.053	49.037	2.052	8.551	38.262
5	1.347	5.612	54.650	1.347	5.612	54.650	2.027	8.444	46.705
6	1.232	5.131	59.781	1.232	5.131	59.781	1.959	8.164	54.870
7	1.186	4.940	64.721	1.186	4.940	64.721	1.899	7.912	62.781
8	1.106	4.608	69.329	1.106	4.608	69.329	1.571	6.547	69.329

注：提取方法：主成分分析。

从表 5.10 可以看到，前 8 个公因子的方差累计贡献率已接近 70%，说明前 8 个公因子已能解释 24 个影响因子中的 70%，但具体可解释哪些因子，还需做进一步的分析，可通过方差极大法对上述公因子载荷矩阵进行旋转，然后根据公共因子对各个指标的载荷找到公因子可解释的指标。旋转后的因子载荷矩阵如表 5.11 所示。

表 5.11　旋转后的因子载荷矩阵

影响因子（简化）	成分							
	1	2	3	4	5	6	7	8
决策程序	0.715	0.170	0.308	0.030	0.243	0.041	0.037	−0.009
部门利益	0.711	0.233	−0.057	0.042	0.232	0.192	0.033	0.073
采纳程度	0.682	−0.200	−0.151	0.289	−0.100	0.262	−0.140	0.226
决策方式	0.599	−0.251	0.290	0.243	−0.108	0.246	−0.021	0.259
数据保密	0.553	0.486	0.181	0.213	0.225	0.046	0.146	−0.060
决策透明度	0.532	0.292	0.433	−0.010	0.241	0.002	0.209	0.016
数据质量	0.142	0.717	0.352	0.116	−0.087	0.228	−0.023	0.055
数据迥异	0.056	0.678	0.191	0.413	−0.112	0.093	0.097	0.126
忽视意见	0.059	0.675	−0.058	−0.066	0.434	0.188	0.032	0.310
资质管理	−0.003	0.086	0.785	0.188	0.159	0.094	0.056	0.108
管理程序	0.205	0.186	0.727	0.053	0.099	0.061	0.038	0.066
义务责任	0.047	0.034	0.168	0.773	0.120	0.120	−0.149	−0.043
信息共享	0.202	0.278	−0.071	0.728	0.076	−0.074	0.157	0.180
立法规定	0.185	0.070	0.284	0.605	0.352	0.068	0.127	−0.153
公众了解	0.139	0.091	0.142	0.204	0.819	0.118	0.110	0.054
保障措施	0.201	−0.061	0.192	0.121	0.783	0.002	−0.205	0.119
政治意愿	0.131	0.150	0.090	−0.103	−0.055	0.760	−0.042	−0.044
执行能力	−0.007	0.054	0.073	0.151	0.058	0.708	0.290	0.111
环境意识	0.261	0.080	−0.008	0.079	0.215	0.631	0.099	0.066
方法掌握	0.116	0.052	0.033	−0.065	−0.080	0.133	0.851	0.018
方法研究	−0.104	−0.016	0.046	0.050	0.045	0.066	0.805	0.164
实用方法	0.196	0.214	0.158	0.172	−0.016	0.367	0.415	0.130
专业知识	0.143	0.169	−0.005	−0.035	0.028	0.090	0.177	0.848
监督管理	0.079	0.092	0.430	0.084	0.223	0.027	0.098	0.675

注：提取方法：主成分分析。旋转法：具有 Kaiser 标准化的正交旋转法。

从表 5.11 可以看出，提取的 8 个公共因子已经可以解释全部的原始变量。其中第 1 个公共因子可以解释"决策程序""部门利益""建议采纳程度""决策方式""数据保密"和"决策的透明度"等 6 个原始变量，其中"决策程序""决策方式"和"决策的透明度"均属于决策的范畴，决策中的一些特性如决策缺乏透明度、决策受政府导向等均会影响决策者对战略环境评价结论的采纳情况。而部门间由于追求自身利益最大化，缺乏相应的协调与合作，从而导致不同部门间的数据信息的保密。该公共因子反映部门决策的机制背景，可将该因子命名为"部门决策机制的合理性"。

第 2 个公共因子可以解释"数据质量""数据迥异"和"忽视公众提供的信息" 3 个原始变量。在战略环境评价过程中进行定量和定性分析，信息数据质量和全面性直接决定战略环境评价分析的结论。数据质量不高、不同统计路径导致的数据迥异以及公众提供的信息常被忽略，这些均会使得评估的科学性和可信度有所降低。因此，该公共因子可命名为"数据信息的可靠性"。

第 3 个公共因子可以解释"资质管理"和"管理程序" 2 个原始变量，该公共因子可命名为"管理方式的有效性"。

第 4 个公共因子可以解释"义务责任""信息共享"和"立法规定" 3 个原始变量，立法规定决定了相关机构和部门的义务与责任，同时规定了信息数据间的共享。该公共因子可命名为"法律规章的有效性"。

第 5 个公共因子可以解释"公众了解"和"保障措施" 2 个原始变量，这两个变量都表征公众参与的重要性，前者强调加强公众对规划政策以及战略环境评价的了解，后者强调保障公众权利，使其能够参与规划政策的制定以及战略环境评价的过程。该公共因子可命名为"公众参与的有效性"。

第 6 个公共因子可以解释"政治意愿""执行能力"和"环境意识" 3 个公因子，体现决策制定者和政府部门的环境意识和行动，环境意识越高，则对环境的重视程度越高，采取的环境行动越有效，该公共因子可命名为"决策者的环境意愿"。

第 7 个公共因子可以解释"方法掌握""方法研究"和"实用方法" 3 个原始变量，都是涉及战略环境评价技术方法方面，该公共因子可命名为"技术方法的有效性"。

第 8 个公因子可以解释"专业知识"和"监督管理" 2 个原始变量，两个因子均强调评价机构的业务能力、专业背景以及对其的监督管理。该公共因子可命名为"评价机构的能力建设"。

因此，在对影响因子进行假设检验后，可以确定对战略环境评价有效性具有显著影响的因子为部门决策机制的合理性、数据信息的可靠性、管理方式的有效性、法律规章的有效性、公众参与的有效性、决策者的环境意愿、技术方法的有效性、评价机构的能力建设等 8 个方面（表 5.12）。

表 5.12　影响我国战略环境评价有效性的 8 个公共因子

层面	指标	简称
数据信息的可靠性	数据质量	a16
	数据迥异	a17
	忽视公众的信息	a18
管理方式的有效性	评价机构的资质管理	a4
	管理监督程序	a5
部门决策机制的合理性	决策程序	a9
	部门利益	a22
	建议采纳程度	a23
	决策方式	a10
	数据保密	a24
	决策透明度	a11
法律规章的有效性	义务责任	a1
	信息共享	a2
	立法规定	a3
公众参与的有效性	公众了解程度	a12
	公众参与保障措施	a13
决策者的环境意愿	保护环境的政治意愿	a6
	决策的执行能力	a7
	决策人员的环境意识	a8
技术方法的有效性	技术方法的掌握	a19
	技术方法的研究	a20
	实用方法的开发	a21
评价机构的能力建设	技术人员的专业技能知识	a14
	对评价机构的监督管理	a15

对 8 个公共因子进行描述性统计分析，结果见表 5.13。

表 5.13　8 个公共因子描述性统计分析

层面	极小值	极大值	均值	标准差
数据信息的可靠性	7.00	15.00	12.60	1.83
管理方式的有效性	4.00	10.00	7.78	1.39
部门决策机制的合理性	16.00	30.00	25.14	3.15
法律规章的有效性	8.00	15.00	12.90	1.69
公众参与的有效性	4.00	10.00	8.30	1.49
决策者的环境意愿	6.00	15.00	11.58	2.00
技术方法的有效性	8.00	15.00	11.86	1.70
评价机构的能力建设	4.00	10.00	7.15	1.68

注：分值：非常不同意（1 分）；不同意（2 分）；较为同意（3 分）；同意（4 分）；非常同意（5 分）。

由于各个层面所涵括的题目数不同，因而不能直接从整体平均数的大小来判定均值的大小，需用现有的平均值除以每个层面的题目数得出每个层面的平均值。由表 5.14 得知，"法律规章的有效性""部门决策机制的合理性"以及"数据信息的可靠性"对战略环境评价的有效实施影响较大。

表 5.14　8 个公共因子描述性统计分析（均值）

层面	均值	题项	每层平均得分
数据信息的可靠性	12.60	3	4.20
管理方式的有效性	7.78	2	3.89
部门决策机制的合理性	25.14	6	4.19
法律规章的有效性	12.90	3	4.30
公众参与的有效性	8.30	2	4.15
决策者的环境意愿	11.58	3	3.86
技术方法的有效性	11.86	3	3.95
评价机构的能力建设	7.15	2	3.58

注：分值：非常不同意（1 分）；不同意（2 分）；较为同意（3 分）；同意（4 分）；非常同意（5 分）。

5.4 影响因素相关性分析

对影响因素进行相关性分析,分析结果见表 5.15,其中 P 值小于 0.05 或者 0.01,表明因素间的相关性显著。结果表明,"数据信息的可靠性"与其他 7 个因素呈显著相关。其中,"数据信息的可靠性"与"部门间决策机制的合理性"以及"评价机构的能力建设"等具有相对较好的相关性;"管理方式的有效性"与"部门间决策机制的合理性"具有相对较好的相关性;"部门间决策机制的合理性"与"数据信息的可靠性""管理方式的有效性""法律规章的有效性""公众参与的有效性""决策者的环境意愿"等均具有相对较好的相关性,但是与"评价机构的能力建设"和"技术方法的有效性"等因素不具有明显的相关性;"评价机构的能力建设"主要与"数据信息的可靠性"有关。

表 5.15 影响因素的关系矩阵

因子 (简化)	数据 信息	管理 方式	决策 机制	法律 规章	公众 参与	环境 意愿	技术 方法	能力 建设
数据信息	1	0.360**	0.412**	0.336**	0.288**	0.353**	0.229*	0.390**
管理方式	0.360**	1	0.412**	0.331**	0.353**	0.235*	0.203	0.339**
决策机制	0.412**	0.412**	1	0.449**	0.411**	0.409**	0.299**	0.360**
法律规章	0.336**	0.331**	0.449**	1	0.376**	0.211*	0.126	0.181
公众参与	0.288**	0.353**	0.411**	0.376**	1	0.205	0.039	0.243*
环境意愿	0.353**	0.235*	0.409**	0.211*	0.205	1	0.362**	0.238*
技术方法	0.229*	0.203	0.299**	0.126	0.039	0.362**	1	0.316**
能力建设	0.390**	0.339**	0.360**	0.181	0.243*	0.238*	0.316**	1

注:F(Sig.),F 显著性检验结果,*表示通过置信区间大于 95% 的 F 检验,即 F(Sig.)<0.05,表明在 0.05 水平(双侧)上显著相关;** 表示通过置信区间大于 99% 的检验,即 F(Sig.)<0.01,表明在 0.01 水平(双侧)上显著相关。

5.5　影响路径分析

5.5.1　路径分析回归统计方法

路径分析又称"同时方程式检验模式"（simultaneous equation models）或者"结构方程式模式"（structural equation model），通过将预测变量计入回归模型之中，判定不同预测变量间的关系和联系程度。路径分析基本步骤，可简要归纳如下：

（1）构建路径模式图。根据相关理论假设，建构一个可以检验的预测变量影响作用模式，根据假设的变量关系，描绘出一个没有路径系数（回归系数）的路径图（path diagram）。路径图中不同预测变量间的因果关系以箭头表示，箭头所指为因变量，表征"果"（effect），箭头起始处为自变量，表征"因"（cause）。

（2）选用适当的回归模型。本书采用 SPSS 统计软件中的强迫进入多元线性回归方法（Enter 法），以估计路径系数（R^2），即回归方程式中的"标准化回归系数"（standardized regression coefficients），并检验其是否显著，进而估计残差系数（residual coefficient）（$\sqrt{1-R^2}$），以残差系数表示因变量变异中不能由自变量变异解释的比例。

（3）确定影响路径系数与多元回归方程。剔除不显著的路径系数以及自变量间的多重共线性作用，采用逐步回归（stepwise）多元线性回归方法，选择最优的路径模型，其中各变量的未标准化回归系数进入回归方程，标准化的回归系数消除了不同变量间的量纲影响，表明自变量对因变量的重要性，也就是影响路径系数。

（4）根据路径系数与显著性检验评估初始假设的变量影响作用模式与途径。

路径的假设模式如图 5.11 所示，因变量 A 可能受三个自变量 a、b、c 影响，根据假设，初步设想变量之间的影响作用模式，即：

（1）自变量 a 对因变量 A 的影响路径有 3 条：自变量 a 直接影响因变量 A，表现出直接影响作用；自变量 a 通过影响自变量 c 而最终影响因变量 A，表现出间接影响作用；自变量 a 通过自变量 b 影响自

变量 c，从而最终影响因变量 A，也看作间接影响作用。

（2）自变量 b 对因变量 A 的影响路径有两条：自变量 b 直接影响因变量 A，表现出直接影响作用；自变量 a 通过影响自变量 c 而最终影响因变量 A，表现出间接影响作用。

（3）自变量 c 对因变量 A 的影响路径有一条：自变量 c 直接影响因变量 A，即直接影响作用。

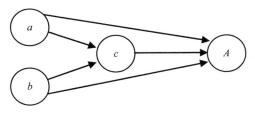

图 5.11　变量之间的影响作用模式

依据上述假设的自变量与因变量间的影响作用路径图，需要进行以下 3 个回归统计分析：

（1）因变量为 A，自变量为 a、b、c；

（2）因变量为 c，自变量为 a、b；

（3）因变量为 b，自变量为 a。

根据 3 个回归统计分析的结果，识别其中的显著性影响路径，从而判定 3 个自变量对因变量的直接影响和间接影响程度以及影响作用方式。

5.5.2　影响因素路径分析

根据上述不同因素间的相关性分析以及本书的预测，本书做出以下路径假设：

第一个复回归分析：校标变量为"部门决策机制"，预测变量为"管理方式""数据信息""法律规章""公众参与"以及"决策者的环境意愿"；

第二个复回归分析：校标变量为"公众参与"，预测变量为"管理方式""法律法规"和"信息数据"；

第三个复回归分析：校标变量为"数据信息"，预测变量为"管

理方式"和"技术方法";

第四个复回归分析:校标变量为"能力建设",预测变量为"管理方式"和"技术方法"。

复回归分析包含两个部分,第一部分的回归结果如表 5.16 至表 5.19 所示,回归得到的多元决定系数,可以计算残差。表 5.20 至表 5.23 中显示了路径系数(β 值)和显著性水平,通过显著性检验的路径系数定量表达了模型中变量之间因果关系。

表 5.16　复回归分析一—部门决策机制回归结果(一)

多元相关系数 R	多元决策系数 R^2	调整后的决定系数 R^2	标准估计的误差	更改统计量				
				R^2 更改	F 更改	df1	df2	Sig. F 更改
0.632[a]	0.399	0.364	2.510 1	0.399	11.28	5	85	0.000

注:a. 预测变量:(常量),决策者的环境意愿,公众参与的有效性,管理方式的有效性,法律规章的有效性,数据信息的可靠性。

表 5.17　复回归分析二—公众参与回归结果(一)

多元相关系数 R	多元决策系数 R^2	调整后的决定系数 R^2	标准估计的误差	更改统计量				
				R^2 更改	F 更改	df1	df2	Sig. F 更改
0.460[a]	0.212	0.185	1.349 3	0.212	7.794	3	87	0.000

注:预测变量:(常量),数据信息的可靠性,法律规章的有效性,管理方式的有效性。

表 5.18　复回归分析三—数据信息回归结果(一)

多元相关系数 R	多元决策系数 R^2	调整后的决定系数 R^2	标准估计的误差	更改统计量				
				R^2 更改	F 更改	df1	df2	Sig. F 更改
0.394[a]	0.155	0.136	1.696 73	0.155	8.062	2	88	0.001

注:a. 预测变量:(常量),技术方法的有效性,管理方式的有效性。

表 5.19　复回归分析四—评价结构能力建设回归结果(一)

多元相关系数 R	多元决策系数 R^2	调整后的决定系数 R^2	标准估计的误差	更改统计量				
				R^2 更改	F 更改	df1	df2	Sig. F 更改
0.422[a]	0.178	0.160	1.539 62	0.178	9.544	2	88	0.000

注:a. 预测变量:(常量),技术方法的有效性,管理方式的有效性。

表 5.20 复回归分析一——部门决策机制回归结果（二）

模型	非标准化系数		标准系数	T 值	显著性检验（Sig.）
	原始回归系数 B	标准误差（Std.Error）	β		
（常量）	6.245	2.575		2.425	0.017
数据信息的可靠性	0.243	0.167	0.141	1.454	0.150
管理方式的有效性	0.378	0.216	0.167	1.748	0.084
法律规章的有效性	0.428	0.177	0.230	2.413	0.018
公众参与的有效性	0.373	0.200	0.177	1.865	0.066
决策者的环境意愿	0.369	0.143	0.235	2.577	0.010

注：因变量：部门决策机制的合理性。

表 5.21 复回归分析二—公众参与回归结果（二）

模型	非标准化系数		标准系数	T 值	显著性检验（Sig.）
	原始回归系数 B	标准误差（Std.Error）	β		
（常量）	2.210	1.308		1.689	0.095
法律规章的有效性	0.332	0.087	0.376	2.519	0.009
管理方式的有效性	0.240	0.113	0.223	2.125	0.036
数据信息的可靠性	0.098	0.086	0.120	1.136	0.259

注：因变量：公众参与的有效性。

表 5.22 复回归分析三—数据信息回归结果（二）

模型	非标准化系数		标准系数	T 值	显著性检验（Sig.）
	原始回归系数 B	标准误差（Std.Error）	β		
（常量）	7.190	1.475		4.873	0.000
管理方式的有效性	0.429	0.132	0.327	3.265	0.002
技术方法的有效性	0.175	0.108	0.163	1.625	0.108

注：因变量：数据信息的可靠性。

表 5.23 复回归分析四—评价结构能力建设回归结果（二）

模型	非标准化系数		标准系数	T 值	显著性检验（Sig.）
	原始回归系数 B	标准误差（Std.Error）	β		
（常量）	1.438	1.339		1.074	0.286
管理方式的有效性	0.346	0.119	0.286	2.900	0.005
技术方法的有效性	0.255	0.098	0.258	2.610	0.011

注：因变量：评价机构的能力建设。

　　图 5.12 影响因素路径分析结果表明，被调查者认为战略环境评价的法律规章（0.230）、公众参与（0.223）、管理方式（0.167）、决策者的环境意愿（0.235）等均对规划和部门决策机制有影响，环境影响评价的管理方式和管理机制对评价机构和人员的能力建设有影响（0.286），战略环境评价的技术方法与评价机构和人员的能力建设显著相关（0.258）。

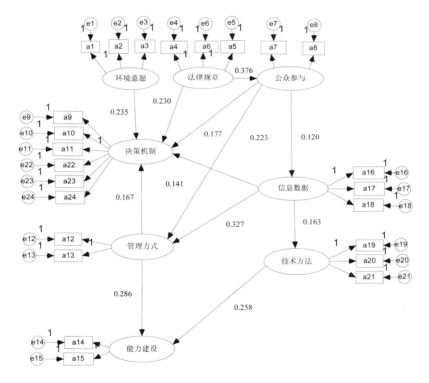

注：e 为残差项，表示方程中未能够解释的部分；a 为潜在原因变量；1 代表测量误差的路径系数固定为 1。

图 5.12　影响因素路径分析结果

5.6　本章小结

　　（1）本章首先通过文献综述及专家咨询法假设战略环境评价有效

实施运行的影响因子包括对技术方法的研究、技术方法的掌握、实用方法的应用、数据信息共享、数据一致性、数据质量、数据透明、公众与规划、公众参与保障、公众环境意识、公众意见的采纳、评价专业知识、评价机构监管、评价资质管理、决策方式、规划采纳程度、部门利益协调、决策程序、决策透明度、立法规定、责任监管、决策者政治意愿、政策执行能力、管理程序等 24 个方面，并对各个影响因子如何影响我国战略环境评价的有效运行进行了假设描述。在此基础上，针对战略环境评价相关专业人员进行问卷调查，通过调查对象对我国战略环境评价有效性影响因子的认知情况，将影响因子归纳为"重要影响因子""次重要影响因子"及"不重要影响因子" 3 种类型。

（2）通过主成分分析法，判定影响我国战略环境评价的 8 个公共因子，即部门决策机制的合理性、数据信息的可靠性、管理方式的有效性、法律规章的有效性、公众参与的有效性、决策者的环境意愿、技术方法的有效性、评价机构的能力建设等。在影响战略环境评价有效开展的 8 个因素中，战略环境评价技术方法学的主要问题是缺乏实用性强、可操作性好的技术方法，缺乏评估经验和应对不确定性的机制和方法；信息数据主要问题是部门间的协调合作不够，缺乏数据信息的共享，同时，不同部门间由于统计口径和方法的不同，导致同一类别的数据信息迥异；对于决策机制方面，规划决策过程中对战略环境评价建议和结论的采纳程度影响战略环境评价的效果；公众参与的主要问题是缺乏有效的公众参与的法律法规，被调查者认为公众的环境意识并不是公众参与的主要问题；战略环境评价开展的立法制度存在的主要问题是对战略环境评价的监管不够，这就需要加强对战略环境评价市场的管理。

描述性统计结果表明，法律规章的有效性、部门决策机制的合理性以及数据信息的可靠性等公共因子对战略环境评价的有效性影响较大。

（3）通过路径分析回归统计方法，探讨不同影响公共因子间的关系。结果表明，数据信息的可靠性、管理方式的有效性、法律规章的有效性、公众参与的有效性、决策者的环境意愿等均与部门决策机制显著相关。当前我国战略环境评价的有效性更多地依赖于战略环境评价的制度环境以及战略环境评价制度系统，如决策过程、部门间的信息共享和战略环境评价的法律规章等因素。以往被研究者普遍看成重要因素的技术方法和公众参与，在本书中，这两种因素的重要性已经有所弱化。因此，本书认为未来我国战略环境评价制度的改进和提升，应注重战略环境评价制度建设，注重决策过程与评价过程的联系、加强部门间的协调合作等方面。

第 6 章

战略环境评价有效性评估模型和指标体系的构建

　　战略环境评价有效性的多角度研究始于 20 世纪 90 年代,研究热潮主要集中于英国、荷兰、意大利等欧洲国家,当前已经积累了大量研究成果,但主要是基于欧洲国家的社会文化背景进行。我国仅有少数学者介绍了国外战略环境评价有效性的理论研究进展,也很少有学者深入研究我国特定制度背景下战略环境评价有效性的评估框架模型和指标体系。本章以战略环境评价的评估框架为研究对象,在系统整理、分析国际上有关有效性评估研究的基础上,深入思考理论模型研究的启示,构建适于我国战略环境评价有效性分析的模型框架,为战略环境评价的"本土化"研究提供理论准备。

　　本书按照评价的内容,在确定有效性评价的指标体系基础上,通过对战略环境评价领域 20 位资深专家的调研问卷,统计分析得到评价指标体系的相对重要性系数,利用层次分析法,计算指标的权重。在此基础上,采用模糊综合评价法对战略环境评价的有效性进行定量评价。模糊综合评判法通过确立测评因素、模糊关系和判断标准,并对模糊关系进行合成运算,最终目的是将模糊的测评对象相对清晰化,对评价目标做出合理和综合的评价。

6.1　战略环境评价有效性评估模型解析

6.1.1　战略环境评价有效性评估框架

　　当前,研究人员对战略环境评价实施有效性的评估缺乏统一的认

识，这是战略环境评价实践研究和理论研究的重要障碍。建立评估的
理论框架和基本方法是战略环境评价有效性评估的基础和重点，在此
基础上才能客观地分析阐述战略环境评价的实施效果。目前，对评价
战略环境评价（SEA）有效性的理论体系的研究工作开展较少，主要
的理论体系框架包括以下几个方面：

6.1.1.1　分层次评估有效性框架

Sadler[125]从微观、中观和宏观等角度出发，阐述了环境影响评价
有效性评估的层次和尺度范围，该评估框架根据环境影响评价的主要
目的以及涉及的不同层次，提出在评估环境影响评价的有效性时，应
分别从微观（具体操作）—中观（系统）—宏观（总体）等 3 个层次
对环境影响评价的方法学、制度环境及应用实践等 3 个方面进行评估
（图 6.1），该评价方法分为五步：①对环境影响评价的制度环境进行
综合分析；②对环境影响评价的执行操作过程进行评价；③对环境影
响评价过程的技术方法、管理程序以及公众参与等进行评价；④对环
境影响评价对决策制定的影响进行评价；⑤对环境影响评价的有效性
和实施结果进行评价。

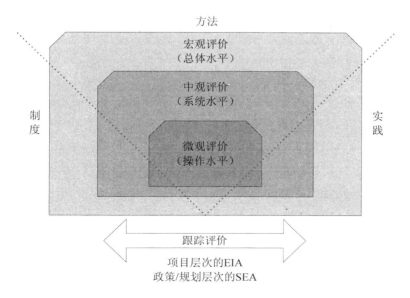

图 6.1　分层次评估环境影响评价有效性

（根据 Sadler[125]描述作图）

但是，Sadler 对其提出的评估模型未能提出相应的评估标准或者指标体系，使在具体评估过程中的可操作性受限。

在此基础上，Sadler 提出开展环境影响评价有效性评估的 3 种具体方式：

（1）报告书系统性评估。选取一定数量的报告书，采用不同的评价标准以及评价尺度，对报告书进行系统的统计分析与评估；

（2）过程评估。即特定（部门、行业或者单纯某个）的环境影响评价从开始到结束的全过程评估；

（3）特定阶段评估。对环境影响评价中的某一部分和阶段展开评估，如对评价过程中采取的技术方法的评估、对评价报告质量的评估、对公众参与的评估等方面。

从上述分析可以看出，Sadler 提出的有效性评估模型着重于从不同的层面分析环境影响评价的现状，更多地关注环境影响评价系统的建设，如技术方法的建设、制度法规的建设以及环境影响评价的应用实践，即环境影响评价的有效性主要体现在其自身的完善和提升上，评估对象局限于环境影响评价的建设发展（制度、理论和实践），忽略了其开展的外在环境和因素，如政策及规划的制定、环境意识等背景因素的影响，此外，对环境影响评价所产生的效果以及目标的实现程度鲜有涉及。

6.1.1.2　系统有效性评估框架

Lawrence[126]在综合现有的有效性评估方法、标准，并对其进行比较分析的基础上，提出了一种"系统的"评估项目环境影响评价有效性的理论框架（systematic EIA quality effectiveness analysis）（图6.2）。该理论框架从项目环境影响评价的宏观制度角度和制度背景体系入手，进而切入评价的具体操作过程（微观层次）以及案例研究中，评估项目环境影响评价的程序、技术方法、数据信息质量、报告书质量等内容。该框架模型将有效性评估过程分为质量的评估和结果效果的评估，同时考量环境影响评价的直接与间接结果的有效性。

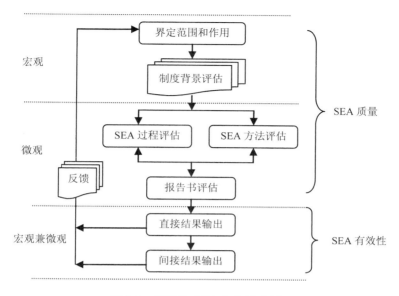

图 6.2　系统的 SEA 有效性分析

　　该理论框架的结构性比较好，对宏观和微观层次的比较分析较为清楚，对影响环境影响评价有效性的不同内容进行了分析研究。但是该评估框架更为注重的是环境影响评价的质量和程序的评估，对其直接效果和间接作用的关注较少，且在评估有效性时，对环境影响评价的结果输出的界定不清楚，例如，如何判定环境影响评价的直接结果输出和间接结果输出、如何具体设定评估标准并付诸应用等方面，因此评估框架实施起来具有一定的挑战；另外，Lawrence[126]构建的评估模型是针对项目环境影响评价而设计的，由于项目环境影响评价和战略环境评价所涉及的领域、范围以及实施机制均有所差异，因此，该评估模型是否适用于战略环境评价还有待进一步的验证。

6.1.1.3　输入-输出质量评估框架

　　Thissen[127]提出输入-输出质量评估框架，该理论框架从环境影响评价的程序和质量入手，分析不同阶段的输入质量，评价其实施效果和最终对政策、规划的作用，该评估框架提出环境影响评价实施过程的 6 种评估标准：输入标准（input）、内容标准（content）、过程标准（process）、结果标准（result）、应用标准（use）、效果有效性标准

（effective）（图 6.3）。其中前 3 种标准为环境影响评价的"输入质量"，包括信息数据、评价程序、技术方法、公众参与等内容，属于环境影响评价的系统建设，后 3 种分析环境影响评价的实施效果，如对政策、规划的改变，结论建议在政策、规划制定中的应用等方面。

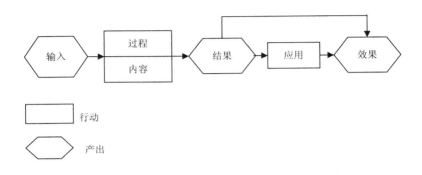

图 6.3　基于输入-输出质量的评估框架

该种理论评估框架强调环境影响评价体系各组成要素的完整性和体系结构的合理性，忽略了由于实施环境和管理机制上的问题产生的实施效果的改变，对战略环境评价产生的潜在效果和效率没有提及。

6.1.2　已有评估框架的特点和不足

通过对当前环境影响评价有效性评估框架的系统梳理可以看出：

（1）在环境影响评价领域，尚未存在统一的有效性评估框架，评估框架多侧重于对项目环境影响评价的评估，没有专门针对战略环境评价的评估框架；

（2）已有的评估框架体系多处于理论提出阶段，对于采用何种方式、如何开展有效性评估没有提及，在具体评估指标体系的设计方面，尚没有学者根据其提出的评估框架，设定科学合理的指标体系，并采用可行的方法对特定环境影响评价的有效性开展案例分析和实证研究。

（3）虽然不同评估框架的侧重点不同，但当前研究均认为环境影响评价的政策法规、评价程序、评价内容等是影响其有效性的重要部分。本书认为，考量环境影响评价的有效性，尤其是战略环境评价，应在此基础上更注重战略环境评价所发挥的功能效果（直接功能、间接功能等）以及其目标的实现程度等方面。

本书将根据已有的研究框架和前几章战略环境评价有效性的分析，提出适用于我国战略环境评价有效性评估的框架体系以及评估指标。

6.2　战略环境评价有效性评估框架构建

6.2.1　理想的有效性评估框架

现代系统论认为，认识一个系统需要分析系统的内部要素构成，同时也应把握系统的外部环境[128]。对于战略环境评价，其并非是单一的技术过程，而是由评价目标体系、评价方法指标、评价结果反馈等组成的技术系统，由法律规章以及管理机制等组成的制度体统，由公众、政府人员、技术人员组成的社会系统，是一个由多环节组成的综合系统[129]。作为一种制度体系或者管理工具，衡量战略环境评价的有效性，要从制度体系构建方面，结合战略环境评价的特点，针对战略环境评价的具体操作实施过程以及实施成效，探析战略环境评价有效性的评估模式。

本书认为，评估战略环境评价的有效性主要体现在两个层面：

（1）国家和地区背景层面。探讨战略环境评价的法律规章、导则指南的完整性和全面性；分析战略环境评价的管理机制，如从对评价机构的管理、对环保部门和项目实施的管理等方面展开。

（2）具体操作层面。对具体操作层面的评估又可分为两个维度，即过程与结果。如何确保战略环境评价的可持续性执行属于过程性概念；如何确保执行效果、功能发挥水平属于结果性概念。本书主要基于以下假设：首先，战略环境评价的有效性包括执行过程的有效性和发挥功能的有效性。战略环境评价作为独立的系统，其内部存在交互作用的规律性，内部交互作用的各环节之间有效运行的程度可以称其为内部运行有效性，即执行过程有效性。同时，战略环境评价作为管理工具，其对整个规划体系的运行具有某种程度上的外部效应，战略环境评价所发挥的外部效应的程度可以称其为外部功能有效性，即战略环境评价价值是否实现，以及何种程度上得以实现。以往研究有效性评估的一些学者曾提出环境影响评价的有效性评估包括对其结构、过程和结论的判定，研究人员主要关注有效性评估的执行过程，对其发挥的功能（结果与效果）的研究鲜有涉及。

战略环境评价的有效性不仅仅体现在其自身制度系统和程序过程的完善上，还应包含更为宽泛的意义上的功能发挥，即在目标实现的可达性、评价结果和结论的科学性，以及因为战略环境评价而产生的衍生效果。在关注战略环境评价过程的同时，也应关注其结果以及功能的发挥，以及在多大程度上发挥了这些功能。

执行过程有效性与发挥功能有效性之间是工具理性与价值理性的关系，工具理性可以判断是否有效并持久执行，而价值理性则判定是否发挥了应有功能以及功能发挥水平。也可理解为执行过程有效性是过程概念意义的有效性，而发挥作用有效性是结果意义上的有效性，即只有其执行过程有效性得到良好保障，其发挥作用有效性才能获得更好的实现。

在上述分析以及在 Lawrence[126]系统的评估框架的基础上，本书尝试构建了较为理想化的评估战略环境评价有效性的框架模型，评估框架主要包括战略环境评价的制度系统的有效性、执行过程的有效性、发挥功能的有效性 3 个方面（图 6.4）。

制度系统的有效性主要包括战略环境评价的经济社会环境背景、其相关的法律规章以及政策支持情况；执行过程的有效性主要包括战略环境评价的操作实施程序、评估方法、报告质量等方面；发挥功能的有效性包括直接功能发挥（如战略环境评价的结果、结果的应用、对决策过程和决策结果产生的影响等）、间接功能发挥（如提高决策透明度，提高政府决策部门、规划部门和公众的环境意识等）以及效率与负效应（如人员投入、时间投入、成本投入等）。具体而言，战略环境评价发挥功能的有效性主要包括以下几个方面：

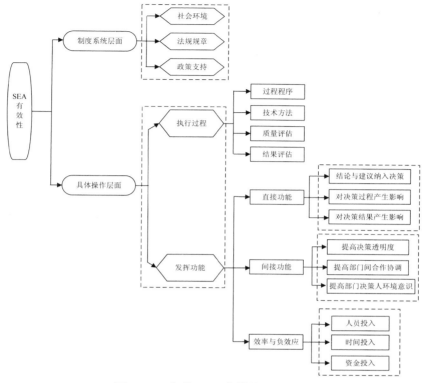

图 6.4　理想的 SEA 有效性评估框架

（1）战略环境评价的内在效果，反映战略环境评价的直接功能。是指战略环境评价作为辅助决策的工具，结论和建议纳入规划和决策的制定过程中，对规划和决策产生的直接影响。主要包括其能否准确反映规划实施，对工作流程的影响（如工作方向、工作方法等）、对结果的影响（如能否有效改进规划和决策）。

（2）战略环境评价的外在效益，反映战略环境评价的间接功能。是指在实现其直接功能之外，对组织以及个人关系所产生的影响。主要包括战略环境评价通过及时有效的信息反馈，为未来决策和完善决策管理水平提出建议，战略环境评价可提高决策透明度，改善规划、政府部门与公众的关系，提高规划人员、政府部门人员以及公众的环境意识。

（3）效率与负效应。战略环境评价有效性的充分发挥除了以上两个方面外，还有一个效率问题，即以最少的人力、物力、财力、时间的投入获得最佳的效果和最大的效益。此外，任何一项制度都是一把双刃剑，既能产生积极的作用，也会产生负面的作用。战略环境评价在发挥其功能的过程中，也可能会对规划和政府部门产生一些负效应，包括开展战略环境评价所花费的成本（如时间、精力、金钱等）以及在实施战略环境评价过程中可能出现的对部门工作方向、工作态度的误导等。

从以上分析可知，战略环境评价价值属性主要体现在战略环境评价实现其目标、发挥功能的程度及其产生效果和效益的综合体现。强调的是功效与价值的统一，过程与结果的统一。

6.2.2 有效性评估三角框架

前文尝试构建了战略环境评价有效性"理想的"评估框架，该框架可对战略环境评价的有效性进行系统全面的评估，但是由于不同的国家具有不同的社会、经济和文化背景，在实际的有效性评估过程中，应针对不同的制度背景对评估框架进行适当的修改。本节拟结合战略环境评价的实际情况以及后续研究的开展，构建适用于我国当前战略环境评价发展、同时可以采用一定方法定量评估的实用框架。

我国目前还处于战略环境评价的探索阶段，对战略环境评价有效性评估的研究欠缺，本书根据我国国情与战略环境评价的特点，对战略环境评价有效性评估的要素结构进行指标设计。根据要素结构进行指标设计需要注意两个方面：一是区分效率指标与效益指标；二是过程指标与结果指标相结合。

对于"理想的"有效性评估框架中"效率与负效应"类别，当前我国相关的法律规章以及管理措施对战略环境评价的人员投入、时间投入以及资金投入没有明确的规定。例如，在战略环境评价的收费方面，战略环境评价工作所需费用原则上应从规划编制费用中列支，但是我国当前对此没有统一的收费标准，根据《关于进一步做好规划环境影响评价工作的通知》（环办〔2006〕109号），规划环境影响评价所需费用可以参照《国家计委、国家环保总局关于规范环境影响咨询收费有关问题的通知》（计价格〔2002〕125号）执行，但是后者仅仅针对建设项目的环境影响评价的收费标准作了相关规定，对于涉及范围较广、行业较多的规划环境影响评价的收费标准，没有具体的规定；此外，各个地方对规划环境影响评价收费的标准也不相同。同样，对于战略环境评价的人员投入和时间投入，由于缺乏相应的规定，判定其投入效率和效果的可能性较小。

因此，在评估我国战略环境评价的有效性时，本书将"效率与负效应"类别剔除，并在此基础上，构建了简化的我国战略环境评价"有效性评估三角"框架（图 6.5），拟从战略环境评价的政策系统、实施过程、实施结果以及实施效果等方面评估有效性。该框架的评估理念为环境影响评价在遵循特定的政策法规的基础上，按照环境影响评价的"政策法规支持→具体过程（操作与应用）→实施结果→实施效果→目标的实现程度"的评估方法分析环境影响评价的有效性。

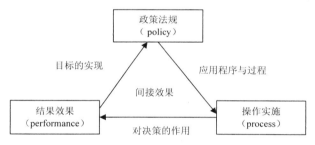

图 6.5　有效性评估三角框架

该理论评估框架从政策法规出发，判定战略环境评价政策法规的完备性以及战略环境评价应遵循的程序，通过战略环境评价具体的执行与应用，对决策产生作用以及产生的潜在效果，从而达到有效的实施。下文将依据该评估框架，构建评估战略环境评价的指标体系。

6.3　战略环境评价有效性评估指标体系的构建

6.3.1　指标体系的选取原则

前文分析表明，影响规划环境影响评价有效性的因素较多，且结构较为复杂，需考虑从不同角度和层面构建评价指标体系。为确保评价结果的科学性和合理性，选取评价指标体系时应遵循以下原则：

（1）设计指标体系应能抓住规划环境影响评价的特点，指标体系应具有针对性。在基本概念和逻辑结构上体现出科学合理性，同时以客观现实为基础，强调指标体系的综合功能，避免采用模糊的描述性指标，尽可能采用可量化的数据指标。

（2）系统性与层次性相结合原则。评价指标应能够全面反映规划环境影响评价运行有效性的主要方面；指标体系内部各指标之间应体现结构合理、协调统一；同时各指标间应避免相互关联和重叠，相互间不存在因果关系。

在对战略环境评价有效性进行评价时，需要从系统的整体角度出发来研究系统内部各个组成部分的有机联系及其与系统外部间的关联。需从宏观整体把握分析和评价。同时，应坚持层次性原则。战略环境评价潜力分析是一个复杂的多要素、多层次问题。只注意宏观性和系统性而忽视具体性和层次性，难以深度了解和具体反映事物的全部面貌。

（3）定性与定量相结合原则。在对规划环境影响评有效性进行评价时，可以对定性的指标体系进行量化，融入其他定量指标体系中。此外，一些定量指标的性质和量纲也有所区别，为保证评价的合理性和科学性，需要对评价指标进行无量纲化处理。

（4）动态性原则。规划环境影响评价本身是一个动态的过程，其有效性也是一个动态发展、不断提高的过程。因此，可设置动态评价指标体系反映这一过程。这种动态指标体系须反映规划环境影响评价发展的现状、潜力以及演变趋势，并能揭示其内在发展规律。

6.3.2　指标体系的构建

战略环境评价的评估一般有明确的评价指标，评审小组根据评价指标确定战略环境评价的质量。但是，战略环境评价的有效性评估还是一个新课题，学术界和实践部门的研究成果较少，本书拟借鉴科学技术有效性评价中的一些方法和经验。因此，战略环境评价有效性评估指标体系也不确定，本书进行了尝试性的探索。客观来讲，评价指标的选取数量应科学合理，评价指标的选取需在动态过程中平衡确定，一些综合性的指标需要分解，一些相似指标则需要综合。

本书采用定性与定量相结合的评价方法。定性评价主要通过半结构式访谈和调查问卷了解环境影响评价专家和规划制定和管理人员对战略环境评价实施过程和效果的理解，定量评价主要通过层次分析法和模糊数学判定法评估战略环境评价的有效性。具体如下：

按照评价的内容，确定有效性评价的指标，一共分为 4 个一级指标和 11 个二级指标，向专家进行咨询，以此获得评价指标体系的相对重要性系数，利用层次分析法，计算指标的权重。同时为了科学获得层次分析法所需的原始数据，本书采用德尔菲法获得两两比较矩阵的值。以下是利用德尔菲法和层次分析法相结合确定的各个指标的相对权重。

表 6.1　战略环境评价有效性评估指标体系

一级指标	二级指标	三级指标
制度环境 B1	政策背景指标	国家、当地政府对 SEA 的支持态度
	制度法律指标	制定相关法规并遵循
程序过程 B2	程序有效性指标	对规划环境影响评价导则的遵循程度
		程序开展的有效程度
	技术方法有效性指标	方法的可行性和灵活性
		定性定量方法结合
	报告书质量有效性指标	内容完整性，文字简洁，数据翔实
		决策者和公众对报告的理解程度
实施结果 B3	SEA 结论有效性	结论的合理性
	对环境和可持续发展的作用	减缓环境影响程度，促进可持续发展
	对规划的有效性	规划对 SEA 结论的采纳程度
间接效果 B4	部门合作	促进部门合作
	规划透明度	使规划更具透明度
	环保意识	公众的环保意识
		规划部门的环保意识

6.4 战略环境评价有效性评估方法

战略环境评价有效性不是一个恒态的常量，它会随着不同条件而变化，面对的是不同种类差异性较为明显的规划，因而环境影响评价的灵活性较大，对其进行有效性评估具有一定的难度。有效的战略环境评价是一项综合性和复杂性的工作，需要不同学科知识和各种评估方法的配合，对其进行评估既要定性分析，同时也需要进行定量分析，因此建立相关评价体系和采用相关评价方法，对战略环境评价的有效性进行定量化描述和解释，对所表现的现状、实施中实现的程度和实际中达到的效果进行具体化评价，才能对规划和决策起到具体的参考和指导作用。

当前学术界在对战略环境评价有效性进行评估时没有统一认可的方法。主要以定性评估为主，如专家判断法、生命周期评价方法。专家判断法通过咨询相关专家和规划人员对战略环境评价的实施效果进行评判，是有效性评估的主要方法；生命周期评价方法是对战略环境评价的全过程进行评估，从政策—实践—结果三方面开展。有效性的定量评估方法主要通过问卷调查和大量报告书的综合统计为主，如当前较为普遍的是对某一行业的几十本报告书的质量评估和程序评估。

除此之外，有学者提出有效性扭曲函数概念：李天威等[122]从系统学角度出发，认为环境影响评价是以实现可持续发展为目标，以协调经济、社会和环境的关系为基本内容，由不同的行为要素组成的系统。认为环境影响评价的有效性 $F(G)$ 是环境影响评价实现其目标的能力反应，有效性的大小、程度可以用效度 E^0 来衡量，其中环境影响评价的有效性可以用数学关系表示如下：

$$F(G)=f(N, M) \tag{6.1}$$

$$E^0=F'(G)=\mathrm{d}f(N, M)/\mathrm{d}t \tag{6.2}$$

式中：F —— 环境影响评价的有效性；

G —— 环境影响评价的目标；

N —— 环境影响评价系统的内部变量（n_1, n_2, $\cdots$, n_i）；

M—— 环境影响评价系统的外部变量（m_1，m_2，…，m_i）；

E^0—— 环境影响评价的效度。

在此基础上，毛渭锋等[130]将影响环境影响评价体系有效性的内在变量看作环境影响评价的绝对有效性，表现为环境影响评价体系核心价值、体系组成要素和体系结构等，认为环境影响评价的绝对有效性可以用一定的指标体系来衡量。将影响环境影响评价体系有效性的外部变量看作环境影响评价的相对有效性，鉴于其影响程度的不确定性和影响机制的复杂性，导致对环境影响评价相对有效性难以直接度量。因此，建立了环境影响评价有效性扭曲函数 $Z=f_z$（Z_1，Z_2，…，Z_i，…，Z_m），其中 Z_i 是环境影响评价实施机制中第 i 个影响因素。应用环境影响识别中的核查表法和矩阵法对 Z_i 进行鉴别。

上述环境影响评价有效性的评估方法尚未有案例和应用研究，如果使该思路科学可行，还需要对不同的变量确定一系列评估指标。因此，该方法的可行性仍需进一步的验证和探索。

战略环境评价有效性评估方法的选择，会直接影响评价数据的"采集"质量，而评估方法的优劣，又是评估过程是否科学合理的重要标志。有效性评估的方法按照与所使用信息特征的关系，可分为基于数据的评估，基于模型的评估，基于专家知识的评估以及基于数据、模型、专家知识的综合评估。有效性评估方法的选择一般需要考虑三方面的因素：①弹力，即该方法模型能适用于多种有效性评估；②难易，即评价主体使用这种方法的难易程度；③能力，即对不同类型的问题是否具有分析能力。一般来说，应选择实用且具有操作性的方法，所选择的方法具有坚实的理论基础，能够反映评估对象的特点和实现评价目标。

本书采用模糊数学综合评价方法（Fuzzy Comprehensive Evaluation，FCE）对指标体系进行处理。模糊综合评价就是以模糊数学为基础，应用模糊关系合成的原理，从多个因素对评判事物隶属度等级状况进行定量化并综合评判的一种方法[131-134]。模糊综合评价法具有数学模型简单、容易掌握的优点，其在处理多层次、多因素指标的复杂问题上具有较强的优势。模糊综合评价方法既可用于主观因素的综合评价，又可用于客观因素的综合评价。对于含有主观因素的指标进行模糊化处理，可将定性指标向定量指标转化。本书研究的 SEA 有效性评估指标涉及主观因素较多，具有一定的模糊性，适合使用此方法。

该方法的数学模型和计算过程如下：①构建具有层次化的多级指标体系，根据评价者对各指标的评价标准建立评语集；②对每个指标赋予不同的权重，构成权重向量；③进行单个指标的评判，根据处理目的的不同选择模糊合成算子确定算法，并对每一个指标进行判断，确定其隶属度以构成模糊矩阵；④将模糊矩阵和权重集进行模糊合成，从而得出最后的评判结果（图 6.6）。

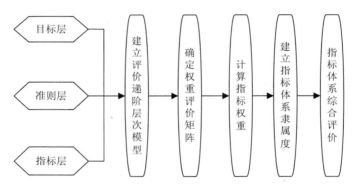

图 6.6　战略环境评价有效性评估方法

战略环境评价有效性的评估过程中，不同的指标对评价结果的影响程度不同。为了正确地反映各类分项指标对整个有效性影响的重要程度，通过加权的方法予以修正。重要的指标赋予较大的权重，相对次要的指标赋予较小的权重。权重系数一般是以某种数量形式对比、权衡被评价事物总体中诸因素相对重要程度的量值。同一个评价指标如果权重系数不同，得出的评价结论将具有很大的差异性。因此，如何合理确定评价指标的权重对有效性评估具有重要意义。

在确定指标权重时，由于评价者对每个指标的重视程度不同，需考虑评价者的主观差异。此外，不同指标在评价中所起的作用不同，应考虑指标间的客观差异性。评价指标的权重系数是在评价中指标相对重要程度的反映。指标权重的确定需要着重考虑以下三方面：

（1）评价者的主观差异，即评价者对每个指标的重视程度和认知程度不同；

（2）评价指标间的客观差异，即各评价指标在评价中所起的作用不同；

（3）评价指标的可靠程度不同，即指标所提供的信息的可靠性不同。

权重系数初步确定后，需要对指标进行归一化处理（0～1），各指标权重加和等于 1。根据计算权重系数时原始数据的来源不同，确定指标权重的方法主要有特征向量法、层次分析法、熵值法等。

根据规划环境影响评价有效性指标的来源和特点，本书采用层次分析法（Analytic Hierarchy Process，AHP）确定指标的权重系数，层次分析法是确定评价指标权重最常用的有效方法之一。传统的层次分析法旨在通过对复杂的评价对象进行分层分析，将复杂的评估系统分解为多层级多准则（如目标层、中间层、指标层）的简化系统，通过准则的成对比较量化后，建立比较矩阵，然后通过计算判断矩阵的特征向量，判定是否通过一致性检验，通过对各层次准则权重开展关联层次的串合，最终求出最底层（评价指标）于最高层（评价总目标）的相对重要性，从而对各元素进行等级的排序，进而得到评估分析所需信息。其基本思路可用图 6.7 表示。

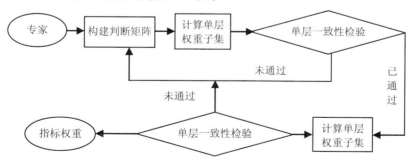

图 6.7　层次分析法的基本思路示意

传统的层次分析方法建立在判断矩阵的基础上，通常情况下，判断矩阵存在一定的主观性，为使评价更为客观，本书引入群组决策的概念——群组层次分析（multi-AHP），即通过模拟人思维中的判断、分解和综合，将专家由一位扩大到 N 位，将判断矩阵由一组扩大到 N 组，通过对比较判断结果的综合计算处理，确定指标体系的权重，为决策者提供定量化的决策依据，如表 6.2 所示。

表 6.2　群组层次分析法对照

思维模式	群组层次分析
分解	将复杂的指标评价系统分解为有序的阶梯层次结构模型
判断	不同指标相对重要性两两对比，建立判断矩阵
综合	单层指标排序和总体指标排序

群组层次分析过程体现了人的思维过程，即分解、判断、综合。计算步骤如下（对本书而言，设有 20 位专家、15 个评价指标）：

（1）建立递阶层次结构模型

应用层次分析法确定指标权重时，需要构建出层次化、合理化的结构模型，上一层次的元素作为准则对下一层次有关元素起支配作用。一般可分为 3 个层次：

①目标层。分析问题的评价目标或理想结果，本书是指"战略环境评价的有效性"。

②中间层。为实现评价目标所涉及的中间环节，可以由若干层次组成，包括所需考虑的准则、子准则，也称为准则层。本书的准则层包括 11 个二级指标。

③指标层。包括为实现目标的各具体评价指标或措施、决策方案等。本书的底层包括所有 15 个三级评价指标。

（2）构建判断矩阵

建立层次结构后，对各层次中的目标层、准则层和指标层两两比较其重要性，构建判断矩阵，导出权重。在构建判断矩阵时，采用 1～9 标度，即将 2 个对象区分为"同样重要""稍微重要""明显重要""强烈重要"和"绝对重要"几个等级，在相邻两级中再插入一级，共 9 级，构成一个判断矩阵（表 6.3）。

表 6.3　相对重要值说明

相对重要值	重要性描述
1	与 A 指标同等重要
3	比 A 指标稍微重要
5	比 A 指标明显重要
7	比 A 指标强烈重要
9	比 A 指标绝对重要
2，4，6，8	两标度之间的中间值

当相互比较因素的重要性能够用具有实际意义的比值说明时，判断矩阵相应的值则可取这个比值。判断矩阵的一般形式如表 6.4 所示。

表 6.4　各评价因素的权重判断矩阵

A_k	C_1	C_2	C_3	C_4	C_5	C_6	C_7	C_8	C_9
C_1	1	1/3	1/7	1/5	1/5	1/6	1/5	1/3	1/4
C_2	3	1	7/5	1/3	1/2	1/5	1	1/2	1
C_3	…	…	…	…	…	…	…	…	…
C_4	…	…	…	…	…	…	…	…	…
C_5	…	…	…	…	…	…	…	…	…
C_6	…	…	…	…	…	…	…	…	…
C_7	…	…	…	…	…	…	…	…	…
C_8	…	…	…	…	…	…	…	…	…
C_9	…	…	…	…	…	…	…	…	…

（3）层次排序及一致性检验

首先计算判断矩阵 A 的每行元素的乘积，根据判断矩阵求出最大特征根 λ_{max} 及其所对应的特征向量 w，所求特征向量 w 经归一化处理后作为各元素的排序权重。由于在构建判断矩阵时各指标的标度具有一定的主观性，为了使层次分析法分析得到的结果基本合理，在求得 λ_{max} 后需要进行一致性检验，还需要引入判断矩阵的平均随机一致性指标 RI，对于 1～9 阶判断矩阵，RI 值如表 6.5 所示。

表 6.5 平均随机一致性指标 RI

n	1	2	3	4	5	6	7	8	9
RI	0	0	0.58	0.90	1.12	1.24	1.32	1.41	1.45

当判断矩阵的 $C_R < 0.1$ 时或 $\lambda_{max} = n$、CI=0 时，认为矩阵具有满意的一致性，否则需要调整矩阵中的元素，使其具有满意的一致性，否则，要调整判断矩阵的元素取值，重新分配权系数的值。

（4）专家相对权重的确定

计算专家指标的相对权重，进而得到最终的各级各个评价指标的权重系数。

（5）模糊综合评价过程

在确定了指标体系的权值之后，还要根据指标体系的特点确定各指标的合成方法，即将下层指标权值复合成上层指标权值的计算方法。采用模糊综合评价方法进行指标体系的合成计算。模糊综合评判法一般需要两方面的数据：层次分析法中需要用来构建判断矩阵的相对重要性系数；模糊评判中需要用来构建模糊关系矩阵的各指标等级的隶属度。各个指标等级的隶属度的确定主要通过咨询专家，专家对各指标进行等级评定。根据专家的评定结果，统计得出每个指标下各个等级所占的比例，即各指标的隶属度。

（6）得出评价结论

评价采用 10 分制，对有效性指标的四大部分进行评价，其中，综合得分 8～10 分评定为 A 级（优），综合得分 6～8 分评定为 B 级（良），综合得分 4～6 分评定为 C 级（中），综合得分 0～4 分评定为 D 级（差）。最后，参照层次分析法计算的指标权重，得出综合评分和等级。

有效性评价是从确定目标、评价范围开始，到确定指标体系、指标权重、选择综合评价方法，直至做出评价结论，其中包括分析、评定、协调、计算、模拟、综合等工作，而这些工作又是交叉反复进行的。

6.5　本章小结

　　对战略环境评价开展有效性评价,能客观了解战略环境评价开展的深度和强度,识别影响战略环境评价有效实施的关键因素,提高战略环境评价系统的功效,同时探寻战略环境评价对决策的作用。

　　对战略环境评价的有效性进行评估,首先要建立科学合理的评估框架模型和评估指标体系,这是进行有效性评价的基础。本章在对环境影响评价有效性评估框架进行系统分析的基础上,将当前环境影响评价有效性评估框架分为三类,包括分层次评估有效性框架、系统有效性评估框架以及输入-输出有效性评估框架。在此基础上,结合本书第 5 章战略环境评价有效性影响因素的分析,从国家、地区背景层面以及具体操作层面,尝试性构建了战略环境评价"理想的"有效性评估框架。并结合我国当前战略环境评价的实际情况特点以及后续研究的开展,构建适用于我国当前战略环境评价发展、同时可以采用一定方法定量评估的实用框架("有效性评估三角框架")。该框架的评估理念为环境影响评价在遵循特定的政策法规的基础上,按照"环境影响评价的政策法律支持→具体过程(操作与应用)→实施结果→实施效果→目标的实现程度"的评估方法分析环境影响评价的有效性。

　　在此基础上提出有效性评估指标体系,评估指标体系由若干个相互影响和联系的评价指标,按照一定逻辑层次组成的完整系统,是联系评价对象与评价方法的桥梁。本章根据评价指标选取的系统性与层次性相结合原则、定性与定量相结合原则、动态性原则,结合相关研究成果及专家咨询意见,将战略环境评价有效性评估指标体系分为制度环境、程序过程、实施结果、间接效果等 4 类指标,其中制度环境从政策背景和制度法律两个方面衡量;程序过程从程序的有效性、技术方法有效性以及报告书质量 3 个方面衡量;实施结果从结论有效性、对环境和可持续发展作用、对规划的有效性等 3 个方面衡量;间接效果从部门合作、规划透明度、环保意识等 3 个方面衡量。其中每个二级指标下面又包括若干个三级指标,最终构建了一套由 4 个一级指标、11 个二级指标、15 个三级指标组成的我国战略环境评价有效性评估指标体系。

评价指标体系建立后，需要确定数学方法对指标体系进行权重分析。本书采用层次分析法分析了战略环境评价有效性标准的不同权重，通过模糊数学综合评判法对有效性进行综合评价，从而得出最后的评判结果，为下一章有效性评估的实证研究提供了可操作的方法。

本章虽然建立了战略环境评价有效性评估指标体系，但有效性评估指标体系不是一成不变的，会随着战略环境评价理论和实践的深入发生变化，评价指标根据战略环境评价的现状进行修订，以便适应客观环境的改变。目前战略环境评价的有效性研究在国内外都处于起步阶段，其评估方法和运作程序都尚无定量和定性的规定，有赖于评价方法、评价制度的进一步改进和完善。

第7章
五大区域重点产业发展战略环境评价有效性评估

7.1 五大区域重点产业发展战略环境评价概述

7.1.1 背景

随着我国西部大开发、东北地区等老工业基地振兴、中部地区崛起、东部地区率先发展等区域发展总体战略的实施和一系列重大区域规划的出台，环渤海沿海地区、海峡西岸经济区、北部湾经济区沿海、成渝经济区和黄河中上游能源化工区等五大区域，成为我国基础性、战略性产业的重要分布区，也是我国区域经济的重要增长极和产业结构调整的主要承载区域。同时，这些区域全部位于我国重要的生态功能区，涵盖了我国典型的生态脆弱区、生物多样性富集区及重要的流域、海域，在国家总体生态安全格局中地位突出。因此，处理好五大区域产业发展与生态环境保护的关系，是我国中长期经济社会可持续发展的战略性问题。

随着五大区域重化工业的快速扩张，部分区域产业发展与资源环境之间的矛盾非常突出，已严重影响区域生态功能和环境质量。如不及时优化、引导和调控，将进一步恶化环境质量，降低生态功能，加剧生态风险，威胁区域可持续发展。因此，以战略环境评价为主要抓手，优化、调整产业的布局、结构和规模，推动五大区域经济发展方式的转变势在必行。

7.1.2　工作思路

本次评价工作在深入评估五大区域资源环境演化规律、重点产业发展情景及资源环境和产业发展耦合关系的基础上，辨识中长期生态环境影响特征和关键影响因子，预测分析产业发展的中长期环境影响和潜在生态环境风险，评价对关键生态功能单元和环境敏感目标的长期性、累积性影响，提出五大区域重点产业优化发展、协调发展的调控方案和对策，尝试建立以环境保护促进经济又好又快发展的长效机制。

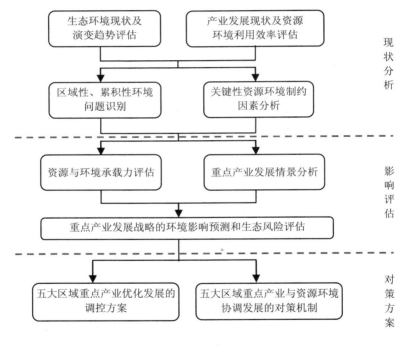

图 7.1　工作流程

7.1.3　工作范围及主要内容

五大区域涉及我国东部、中部、西部 15 个省（区、市）的 67 个地市及重庆、海南的 37 个县（区），包括长江、黄河等重点流域和渤海、北部湾、台湾海峡等重点海域，涵盖石化、能源、冶金、装备制造等 10 多个产业（表 7.1）。

评价基准年为 2007 年，中期为 2015 年，远期为 2020 年。其中，部分重要的生态环境现状数据更新到 2008 年和 2009 年。

表 7.1　工作范围

区域名称	涵盖地区	重点产业	面积/万 km²	人口/万人
环渤海沿海地区	大连、营口、盘锦、锦州、葫芦岛、秦皇岛、唐山、天津滨海新区、沧州、滨州、东营、潍坊、烟台	石油化工、冶金、装备制造、能源、建材、食品、造纸、纺织	12.9	5 516
海峡西岸经济区	福州、厦门、莆田、三明、泉州、漳州、南平、龙岩、宁德、汕头、潮州、揭阳、温州	石油化工、装备制造、电子信息、能源、冶金、林浆纸	16.1	5 725
北部湾经济区沿海	南宁、防城港、钦州、北海、湛江、茂名、海口、澄迈、临高、儋州、昌江、东方、乐东	石油化工、冶金、化工、林浆纸（造纸）、能源、食品、制药、建材、船舶修造	8.2	3 209
成渝经济区	重庆主城 9 区、潼南、铜梁、大足、双桥、荣昌、永川、合川、江津、綦江、长寿、涪陵、南川、万盛、璧山、万州、梁平、丰都、垫江、忠县、开县、云阳、石柱、成都、绵阳、德阳、内江、资阳、遂宁、自贡、泸州、宜宾、南充、广安、达州、眉山、乐山、雅安	农副产品加工、化工、装备制造、能源、高新电子技术	20.6	9 237
黄河中上游能源化工区	吴忠、银川、石嘴山、中卫、鄂尔多斯、乌海、阿拉善左旗、巴彦淖尔、包头、榆林、延安、渭南、铜川、咸阳、宝鸡、忻州、吕梁、临汾、运城	煤炭开采、电力、煤化工、冶金	52.0	4 600
合计			109.8	28 287

7.1.4　组织方式

实行项目、分项目、子项目三级管理。五大区域重点产业发展战略环境评价项目下设环渤海沿海地区重点产业发展战略环境评价、海峡西岸经济区沿海重点产业发展战略环境评价、北部湾经济区沿海重点产业发展战略环境评价、成渝经济区重点产业发展战略环境评价和黄河中上游能源化工区重点产业发展战略环境评价等 5 个分项目；分项目涉及的省（自治区、直辖市）分别设立相应的子项目。各分项目和子项目结合所在地区特点，确定具体工作内容，并按照项目管理相关要求组织实施。

项目设立领导小组、协调小组和管理办公室等组织机构。其中：

（1）领导小组

环境保护部成立项目领导小组，由部领导担任组长，环境影响评价司主要负责同志担任副组长。项目领导小组负责确定项目总体目标和实施战略，审定项目工作方案、管理办法及年度计划，指导、检查和督促项目的实施，统筹协调有关重大事项等。项目领导小组办公室设在环境保护部环境影响评价司，项目领导小组办公室负责项目的综合协调、组织管理和实施，组织制订项目工作方案、管理办法及年度计划，指导、督促、调度项目评估、审查论证和验收等工作，归口联系各个项目协调小组，落实项目领导小组交办的相关工作等。

（2）协调小组

针对每个子项目，环境保护部组织所在省（自治区、直辖市）人民政府分别成立项目协调小组。项目协调小组办公室设在相关省（自治区、直辖市）的环保部门。项目协调小组负责组织实施所在省（自治区、直辖市）的相关子项目，协调和落实子项目相关的工作经费、技术支持单位和数据资料，研究涉及辖区内有关行业和地方的重要事项，开展必要的生态环境专项调查和补充监测等工作。

（3）管理办公室

项目管理办公室是项目组织实施和日常管理的具体办事机构，负责指导、协调和督促各分项目及子项目的进展评估、审查论证和结题验收等工作；承担项目的日常技术协调与成果管理；负责组建项目专家组，并组织专家进行技术咨询和指导等。

7.1.5　工作过程

五大区域重点产业发展战略环境评价工作分为项目准备、集中攻坚和成果集成 3 个主要阶段。项目准备阶段（2007 年 11 月—2008 年 12 月），组织开展了五大区域重点产业与环境保护专题调研工作，提出了项目建议书和可行性研究报告；制订了工作方案，构建了三级项目管理架构，组建了 50 多名专家顾问团和近 100 家科研单位的技术支撑团队。集中攻坚阶段（2009 年 1 月—2010 年 1 月），重点完成了现场调查与资料收集、补充监测、三次阶段性评估等工作，形成了初步成果。成果集成阶段（2010 年 2 月开始），多次组织专家咨询论证，征求国务院有关部门、相关省（区、市）的意见，形成了送审稿；2010 年 9 月，通过了专家论证验收，形成了报批稿；2010 年 12 月，通过了环境保护部第十二次常务会议审议，经过修改完善，完成了最终稿。2011 年，环境保护部根据评价成果，相继制定印发了《关于促进环渤海沿海地区重点产业与环境保护协调发展的指导意见》等推动五大区域战略环境评价为国家宏观决策服务的指导性文件。

7.2　五大区域重点产业发展战略环境评价有效性评估研究

五大区域的战略环境评价是我国战略环境评价的新探索，是政策层面环境评价的重要实践。因此，开展对五大区域重点产业发展战略环境评价的有效性研究，分析影响环境影响评价有效性的关键因素，有利于丰富和发展有效性定量评估的理论和方法，在一定程度上为战略环境评价的应用发展及有效性定量研究开辟了新的思路和方法，为我国战略环境评价工作的完善提供科学的决策支持。

从现实应用的角度看，五大区域战略环境评价是战略环境评价理念引入我国以来地域最大、行业最广、层级最高、效果最好的一次生动实践。五大区域在经济发展和环境保护中的地位重要，处理好五大区域重点产业发展与生态环境保护的关系，对加快推进经济发展方式转变具有突出的示范作用，对我国中长期生态环境的战略性保护具有重大意义。五大区域战略环境评价最终报告是多学科集成的成果，堪称"环保教科书"，是战略环境评价的力作，已经成为制定国家重大区域战略的重要参考，成为编制"十二五"规划、制定地方环保政策的重要支撑，成为相关地区火电、化工、石化、钢铁等行业环境准入的重要依据。五大区域战略环境评价拓展了环境保护参与综合决策的广度和深度，构建了从源头防范布局性环境风险的重要平台，探索了破解区域资源环境约束的有效途径，是环保部门参与综合决策，探索代价小、效益好、排放低、可持续的环境保护新道路的重大创新和突破。通过对五大区域战略环境评价有效性定性定量评价，可以更加清晰地判定此次评价的作用范围和有效程度，明确评价工作的时间成本效益，对评价结果更好地发挥作用起到促进作用。

五大区域战略环境评价有效性评估框架立足国家、地区背景和具体操作两个层面。

（1）国家和地区背景层面

五大区域战略环境评价项目在管理模式上实行项目、分项目、子项目三级管理，分别下设五个地区的战略环境评价分项目，分项目涉及的省（自治区、直辖市）分别设立相应的子项目。因此，在进行有效性评估时，既要从国家层面探讨战略环境评价的法律法规、导则指南的完整性和全面性，分析战略环境评价的管理机制和模式等，又要考虑不同地区的背景，评估地方政府对战略环境评价的支持情况，评价机构和项目实施的管理情况等。

（2）具体操作层面

可分为两个维度，即过程与结果。如何确保战略环境评价的可持续性执行属于过程性概念；如何确保执行效果和功能发挥水平属于结果性概念。本书主要基于以下假设：首先，战略环境评价的有效性包括执行过程的有效性和发挥功能的有效性。战略环境评价作为独立的系统，其内部存在交互作用的规律性，内部交互作用的各环节之间有效运行的程度可以称其为内部运行有效性，即执行过程有效性，包括对结构、过程和结论的判定。同时，战略环境评价作为管理工具，其对整个规划体系的运行具有某种程度上的外部效应，战略环境评价发挥外部效应的程度可以称其为外部功能有效性，包括目标实现的可达性、评价结果和结论的科学性以及因为战略环境评价而产生的衍生效果。

7.2.1　层次分析法确定权重

（1）构建判断矩阵。相对于五大区域重点产业发展战略环境评价有效性指标这个目标 A 来说，其一级指标层内有 4 个指标，分别是背景有效性评价、程序有效性评价、目标有效性评价以及增量有效性评价（A_1，A_2，A_3，A_4），将其进行两两比较，得到相对重要性矩阵 A-A_i，见表 7.2。

表 7.2　判断矩阵 A-A_i

总评价 A	程序有效性 A_2	目标有效性 A_3	背景有效性 A_1	增量有效性 A_4
程序有效性 A_2	1	1	1/5	3
目标有效性 A_3	1	1	1/5	3
背景有效性 A_1	5	5	1	5
增量有效性 A_4	1/3	1/3	1/5	1

将判断矩阵 A 每一列归一化处理为：

$$\sum_{k=1}^{4} a_{k1} = 1+1+5+1/3 = 7.33$$

$$\alpha_{11} = \frac{a_{11}}{\sum\limits_{k=1}^{4} a_{k1}} \approx 0.14$$

$$\alpha_{21} = \frac{a_{21}}{\sum\limits_{k=1}^{4} a_{k1}} \approx 0.14$$

$$\alpha_{31} = \frac{a_{31}}{\sum\limits_{k=1}^{4} a_{k1}} \approx 0.68$$

$$\alpha_{41} = \frac{a_{41}}{\sum\limits_{k=1}^{4} a_{k1}} \approx 0.04$$

其余列计算同上，可得判断矩阵按列归一化形成的矩阵，并按行相加，行和归一化，得出原始矩阵的权重，计算结果见表 7.3。

表 7.3　判断矩阵 A-A_i 的加权求和

各列归一化结果				行和	权重 W
0.14	0.14	0.13	0.25	0.66	0.16
0.14	0.14	0.13	0.25	0.66	0.16
0.68	0.68	0.63	0.42	2.41	0.60
0.04	0.04	0.13	0.08	0.29	0.07

计算判断矩阵的最大特征根

$$AW = \begin{bmatrix} 1 & 1 & 0.2 & 3 \\ 1 & 1 & 0.2 & 3 \\ 5 & 5 & 1 & 5 \\ 0.33 & 0.33 & 0.2 & 1 \end{bmatrix} \times \begin{bmatrix} 0.16 \\ 0.16 \\ 0.6 \\ 0.07 \end{bmatrix} = \begin{bmatrix} 0.65 \\ 0.65 \\ 2.55 \\ 0.30 \end{bmatrix}$$

$$\lambda_{\max} = \frac{1}{4} \sum_{i=1}^{4} \frac{AW_i}{W_i} = 4.16$$

为了检验判断矩阵的一致性（或相容性），可以进行检验一致性。一般用 CI 这个一致性指标：$CI = \dfrac{\lambda_{\max} - n}{n-1} = 0.053$。

在检验一致性时，还得将 CI 与平均随机一致性指标 RI 进行比较，查表得出 RI 为 0.90，得出检验数 $CR = \dfrac{CI}{RI} = 0.053/0.90 = 0.059 < 0.1$，认为判断矩阵具有满意的一致性。

（2）每个一级指标单一准则下二级指标相对权重的确定

同上，计算每个一级指标单一准则下的二级指标之间的相对权重。一级指标背景有效性 A_1 下的 3 个二级指标（A_{11}，A_{12}，A_{13}）进行两两比较得出相对重要性判断矩阵 A_1-A_{1i}，见表 7.4。

表 7.4　判断矩阵 A_1-A_{1i} 权重及一致性检验

背景有效性 A_1	政府支持 A_{11}	法律遵循 A_{12}	组织高效 A_{13}	权重 W	CR
政府支持 A_{11}	1	1/5	1	0.16	
法律遵循 A_{12}	5	1	3	0.66	0.028＜0.1
组织高效 A_{13}	1	1/3	1	0.18	

一级指标程序有效性 A_2 下的 3 个二级指标（A_{21}，A_{22}，A_{23}）进行两两比较得出相对重要性判断矩阵 A_2-A_{2i}，见表 7.5。

表 7.5　判断矩阵 A_2-A_{2i} 权重及一致性检验

程序有效性 A_2	程序有效 A_{21}	方法专业 A_{22}	内容完整 A_{23}	权重 W	CR
程序有效 A_{21}	1	1/4	2	0.20	
方法专业 A_{22}	4	1	3	0.68	0.023＜0.1
内容完整 A_{23}	1/2	1/3	1	0.12	

一级指标目标有效性 A_3 下的 3 个二级指标（A_{31}，A_{32}，A_{33}）进行两两比较得出相对重要性判断矩阵 A_3-A_{3i}，见表 7.6。

表 7.6　判断矩阵 A_3-A_{3i} 权重及一致性检验

目标有效性 A_3	结论科学 A_{31}	减缓影响 A_{32}	成果贡献 A_{33}	权重 W	CR
结论科学 A_{31}	1	1/5	1/2	0.12	
减缓影响 A_{32}	2	1	3	0.65	0.004＜0.1
成果贡献 A_{33}	2	1/3	1	0.23	

一级指标增量有效性 A_4 下的 4 个二级指标（A_{41}，A_{42}，A_{43}，A_{44}）进行两两比较得出相对重要性判断矩阵 A_4-A_{4i}，见表 7.7。

表 7.7　判断矩阵 A_4-A_{4i} 权重及一致性检验

增量有效性 A_4	促进合作 A_{41}	增加透明 A_{42}	公众环保 A_{43}	部门环保 A_{44}	权重 W	CR
促进合作 A_{41}	1	1	5	1/3	0.25	
增加透明 A_{42}	1	1	3	1	0.28	
公众环保 A_{43}	1/5	1/3	1	1/4	0.08	0.079＜0.1
部门环保 A_{44}	3	1	4	1	0.39	

综合以上结果，整理得到整个指标体系的相对权重系数，见表7.8。

表 7.8　指标体系的相对权重系数

目标	一级指标	权重	二级指标	权重	合成权重	一致性检验 CR
五大区域重点产业发展战略环评的有效性评估	背景有效性 A_1（制度环境）	0.16	国家和当地政府对 SEA 的支持态度 A_{11}	0.16	0.026	
			制定相关法规、政策并遵循 A_{12}	0.66	0.106	
			组织和管理结构合理高效 A_{13}	0.18	0.029	
	程序有效性 A_2（程序过程）	0.16	程序开展的有效程度 A_{21}	0.20	0.032	
			技术方法的专业有效 A_{22}	0.68	0.109	
			报告书内容完整，数据翔实，易于理解 A_{23}	0.12	0.019	
	目标有效性 A_3（实施结果）	0.60	报告书结论的科学性和合理性 A_{31}	0.12	0.072	$\dfrac{0.0164}{0.6039}$ =0.026 <0.1
			减缓环境影响程度，促进可持续发展 A_{32}	0.65	0.39	
			战略环评的成果对决策和规划制定的贡献程度（采纳程度）A_{33}	0.23	0.138	
	增量有效性 $A4$（间接效果）	0.07	促进政府和区域各部门合作 A_{41}	0.25	0.018	
			增加各个大区域相关决策和规划透明度 A_{42}	0.28	0.020	
			提高公众的环保意识 A_{43}	0.08	0.006	
			提高决策部门的环保意识 A_{44}	0.39	0.027	

（3）根据群组层次分析得到最终权重系数

本次研究共发放 70 份调查问卷，回收 58 份，回收率 82.9%。其中判断矩阵的有效问卷为 41 份。前面的工作已经确定了 41 位专家的整个指标体系的相对权重系数，他们的判断矩阵分别为 A_1，A_2，…，A_k，其中 $A_k=（a_{ijk}）$，$k=1$，…，41，分别求出它们的排序向量 $W_{ik}=（w_1k，w_2k，…，w_nk）^{\mathrm{T}}$，其中 W_{ik} 为第 k 个专家对第 i 项评判对象的有效判断权重值。在此基础上求得综合排序向量 $W=(w_1, w_2, \cdots, w_n)^T$，其中 $w=\gamma_1 w_{i1}+\gamma_2 w_{i2}+\gamma_s w_{is}$，$i=1, 2, \cdots, n$，$\gamma_k$ 为第 k 个专家的专家权重，本书假设各专家权重相同，且 $\sum_{k=1}^{s}\gamma_k =1$）。

表 7.9　群组层次分析权重系数

目标	一级指标	权重	二级指标	权重	合成权重
五大区域重点产业发展战略环评的有效性评估	背景有效性 A_1（制度环境）	0.32	国家和当地政府对 SEA 的支持态度 A_{11}	0.38	0.122
			制定相关法规、政策并遵循 A_{12}	0.40	0.128
			组织和管理结构合理高效 A_{13}	0.22	0.070
	程序有效性 A_2（程序过程）	0.20	程序开展的有效程度 A_{21}	0.38	0.076
			技术方法的专业有效 A_{22}	0.32	0.064
			报告书内容完整，数据翔实，易于理解 A_{23}	0.30	0.060
	目标有效性 A_3（实施结果）	0.33	报告书结论的科学性和合理性 A_{31}	0.20	0.066
			减缓环境影响程度，促进可持续发展 A_{32}	0.39	0.129
			战略环评的成果对决策和规划制定的贡献程度（采纳程度）A_{33}	0.41	0.135
	增量有效性 A_4（间接效果）	0.15	促进政府和区域各部门合作 A_{41}	0.25	0.038
			增加各个大区域相关决策和规划透明度 A_{42}	0.27	0.041
			提高公众的环保意识 A_{43}	0.15	0.023
			提高决策部门的环保意识 A_{44}	0.33	0.050

7.2.2　模糊综合评价

在通过层次分析法确定了各个指标的权重以后，利用模糊评价，对五大区域重点产业发展战略环境评价有效性进行评价。

建立模糊变量集合为：$D=\{d_1, d_2, d_3, d_4, d_5, d_6, d_7, d_8, d_9,$

d_{10}，d_{11}，d_{12}，d_{13}}，D 为所有影响因素的集合。

建立模糊评语集：P={4，3，2，1}，其中 4、3、2、1 分别表示好、较好、一般、较差。各评价等级对应评分值见表 7.10。

表 7.10　各评价等级对应评分值

评价	评价分值
好	≥3.5
较好	2.5～3.5
一般	1.5～2.5
较差	<1.5

通过专门的评分小组对评价对象优劣程度的定性描述，评语集对各层次指标都是一致的。建立评语集，具体做法是选取规划人员代表和有关专家组成评审团，这些专家再结合自身的工作经验对指标体系的第二级指标进行单因素评价，然后用问卷调查的方法，对数据进行统计得到评语集。根据单因素评价二级指标对等级模糊子集的隶属度，构建各二级指标的模糊关系矩阵。

本书共发放 70 份调查问卷，回收 58 份，其中关于隶属度的有效问卷 56 份。参与问卷调查的人员主要是曾经参与五大区域重点产业发展战略环境评价管理或研究工作的专家，组成评审团并结合相关工作经验和体会对指标体系进行单因素评价。在此基础上，对数据进行统计得到评语集。表 7.11 为专家组组成情况，表 7.12 表示的是由 56 个专家对五大区域重点产业发展战略环境评价各指标的评价结果。

表 7.11　问卷调查专家组组成情况

专家组成情况	人数
大专院校	17
中央和地方政府机构	12
环境评价、咨询机构	14
环境科研机构	11
其他	2
总计	56

表 7.12　专家对五大区域重点产业发展战略环境评价指标的评价

目标层	准则层	指标层	好	较好	一般	较差
五大区域重点产业发展战略环评的有效性 A	背景有效性 A_1（制度环境）	国家和当地政府对 SEA 的支持态度 A_{11}	30	21	5	0
		制定相关法规、政策并遵循 A_{12}	14	29	12	1
		组织和管理结构合理高效 A_{13}	18	26	9	3
	程序有效性 A_2（程序过程）	程序开展的有效程度 A_{21}	27	27	1	1
		技术方法的专业有效 A_{22}	34	18	4	0
		报告书内容完整，数据翔实，易于理解 A_{23}	36	19	1	0
	目标有效性 A_3（实施结果）	报告书结论的科学性和合理性 A_{31}	33	21	2	0
		减缓环境影响程度，促进可持续发展 A_{32}	19	24	12	1
		战略环评的成果对决策和规划制定的贡献程度（采纳程度） A_{33}	15	27	11	3
	增量有效性 A_4（间接效果）	促进政府和区域各部门合作 A_{41}	10	27	16	3
		增加各个大区域相关决策和规划透明度 A_{42}	14	23	15	4
		提高公众的环保意识 A_{43}	7	23	21	5
		提高决策部门的环保意识 A_{44}	21	25	9	1

（1）确定模糊关系矩阵

由表 7.12 中所示的专家打分情况，运用模糊统计的方法将评价表中的数据做模糊化处理，可构造出各个二级指标的隶属子集：

$$R_{11}=[0.54\quad 0.38\quad 0.08\quad 0]$$
$$R_{12}=[0.25\quad 0.52\quad 0.21\quad 0.02]$$
$$R_{13}=[0.32\quad 0.46\quad 0.16\quad 0.06]$$
$$R_{21}=[0.48\quad 0.48\quad 0.02\quad 0.02]$$
$$R_{22}=[0.61\quad 0.32\quad 0.07\quad 0]$$

$$R_{23} = \begin{bmatrix} 0.64 & 0.34 & 0.02 & 0 \end{bmatrix}$$
$$R_{31} = \begin{bmatrix} 0.59 & 0.38 & 0.03 & 0 \end{bmatrix}$$
$$R_{32} = \begin{bmatrix} 0.34 & 0.43 & 0.21 & 0.02 \end{bmatrix}$$
$$R_{33} = \begin{bmatrix} 0.27 & 0.48 & 0.20 & 0.05 \end{bmatrix}$$
$$R_{41} = \begin{bmatrix} 0.18 & 0.48 & 0.29 & 0.05 \end{bmatrix}$$
$$R_{42} = \begin{bmatrix} 0.25 & 0.41 & 0.27 & 0.07 \end{bmatrix}$$
$$R_{43} = \begin{bmatrix} 0.13 & 0.41 & 0.38 & 0.08 \end{bmatrix}$$
$$R_{44} = \begin{bmatrix} 0.38 & 0.45 & 0.16 & 0.01 \end{bmatrix}$$

因此，可以得到各个一级指标的隶属度矩阵：

$$R_1 = \begin{bmatrix} 0.54 & 0.38 & 0.08 & 0 \\ 0.25 & 0.52 & 0.21 & 0.02 \\ 0.32 & 0.46 & 0.16 & 0.06 \end{bmatrix}$$

$$R_2 = \begin{bmatrix} 0.48 & 0.48 & 0.02 & 0.02 \\ 0.61 & 0.32 & 0.07 & 0 \\ 0.64 & 0.34 & 0.02 & 0 \end{bmatrix}$$

$$R_3 = \begin{bmatrix} 0.59 & 0.38 & 0.03 & 0 \\ 0.34 & 0.43 & 0.21 & 0.02 \\ 0.27 & 0.48 & 0.20 & 0.05 \end{bmatrix}$$

$$R_4 = \begin{bmatrix} 0.18 & 0.48 & 0.29 & 0.05 \\ 0.25 & 0.41 & 0.27 & 0.07 \\ 0.13 & 0.41 & 0.38 & 0.08 \\ 0.38 & 0.45 & 0.16 & 0.01 \end{bmatrix}$$

（2）确定各层次权重向量

$$W_{A_1} = \begin{bmatrix} 0.38 & 0.40 & 0.22 \end{bmatrix}$$
$$W_{A_2} = \begin{bmatrix} 0.38 & 0.32 & 0.30 \end{bmatrix}$$
$$W_{A_3} = \begin{bmatrix} 0.20 & 0.39 & 0.41 \end{bmatrix}$$
$$W_{A_4} = \begin{bmatrix} 0.25 & 0.27 & 0.15 & 0.33 \end{bmatrix}$$

（3）进行模糊矩阵的复合运算：

$$A_i = W_{A_i} \times R_i$$

$$A_1 = W_{A_1} \times R_1 = \begin{bmatrix} 0.38 & 0.40 & 0.22 \end{bmatrix} \times \begin{bmatrix} 0.54 & 0.38 & 0.08 & 0 \\ 0.25 & 0.52 & 0.21 & 0.02 \\ 0.32 & 0.46 & 0.16 & 0.06 \end{bmatrix}$$

$$= \begin{bmatrix} 0.38 & 0.45 & 0.15 & 0.02 \end{bmatrix}$$

$$A_2 = W_{A_2} \times R_2 = \begin{bmatrix} 0.38 & 0.32 & 0.30 \end{bmatrix} \times \begin{bmatrix} 0.48 & 0.48 & 0.02 & 0.02 \\ 0.61 & 0.32 & 0.07 & 0 \\ 0.64 & 0.34 & 0.02 & 0 \end{bmatrix}$$

$$= \begin{bmatrix} 0.57 & 0.38 & 0.04 & 0.01 \end{bmatrix}$$

$$A_3 = W_{A_3} \times R_3 = \begin{bmatrix} 0.20 & 0.39 & 0.41 \end{bmatrix} \times \begin{bmatrix} 0.59 & 0.38 & 0.03 & 0 \\ 0.34 & 0.43 & 0.21 & 0.02 \\ 0.27 & 0.48 & 0.20 & 0.05 \end{bmatrix}$$

$$= \begin{bmatrix} 0.36 & 0.44 & 0.17 & 0.03 \end{bmatrix}$$

$$A_4 = W_{A_4} \times R_4 = \begin{bmatrix} 0.25 & 0.27 & 0.15 & 0.33 \end{bmatrix} \times \begin{bmatrix} 0.18 & 0.48 & 0.29 & 0.05 \\ 0.25 & 0.41 & 0.27 & 0.07 \\ 0.13 & 0.41 & 0.38 & 0.08 \\ 0.38 & 0.45 & 0.16 & 0.01 \end{bmatrix}$$

$$= \begin{bmatrix} 0.26 & 0.44 & 0.26 & 0.04 \end{bmatrix}$$

综合以上结果，可得到表 7.13 的结果：

表 7.13　一级指标隶属度

A	好	较好	一般	较差
A_1	0.38	0.45	0.15	0.02
A_2	0.57	0.38	0.04	0.01
A_3	0.36	0.44	0.17	0.03
A_4	0.26	0.44	0.26	0.04

第一层次评价矩阵

$$W_A = \begin{bmatrix} 0.32 & 0.20 & 0.33 & 0.15 \end{bmatrix} \quad R = \begin{bmatrix} 0.38 & 0.45 & 0.15 & 0.02 \\ 0.57 & 0.38 & 0.04 & 0.01 \\ 0.36 & 0.44 & 0.17 & 0.03 \\ 0.26 & 0.44 & 0.26 & 0.04 \end{bmatrix}$$

$$A = W_A \times R = \begin{bmatrix} 0.39 & 0.43 & 0.15 & 0.03 \end{bmatrix}$$

（4）计算结果

综合上述计算内容，可以得到五大区域重点产业发展战略环境评价有效性评价结果，见表 7.14。

表 7.14　五大区域重点产业发展战略环境评价有效性评估

评价指标	好	较好	一般	较差
制度环境	0.38	0.45	0.15	0.02
程序过程	0.57	0.38	0.04	0.01
实施结果	0.36	0.44	0.17	0.03
间接效果	0.26	0.44	0.26	0.04
综合有效性	0.39	0.43	0.15	0.03

根据各个评价等级的隶属度和评价等级的取值，加权计算有效性评估结果，即 0.39×4+0.43×3+0.15×2+0.03×1=3.18。综合评估表明，五大区域重点产业发展战略环境评价的有效性较好。

7.2.3　评估结果

本书通过问卷调查对五大区域重点产业发展战略环境评价有关专家和政府人员进行了咨询，并采用层次分析法分析了战略环境评价有效性标准的不同权重（背景有效性、程序有效性、目标有效性和增量有效性），通过模糊数学综合评判法对五大区域重点产业发展战略环境评价的有效性进行综合评价。得出结论如下：

（1）五大区域重点产业发展战略环境评价的政策制度环境有效性相对较好（"好"0.38，"较好"0.45）。通过权重的计算，调查问卷参与者认为国家和当地政府对开展战略环评是否支持是非常重要的，同时应制定保障战略环评顺利开展的相关政策和法规。在本次战略环境评价中，国家和地方政府注重环境保护，对战略环评工作的开展给予支持的态度。此外，五大区域重点产业发展战略环境评价的开展遵循环保部的相关规章，环保部颁布的规章条文也为评价的开展提供了法律支持和技术支持。

（2）五大区域重点产业发展战略环境评价执行的程序方法有效性为"好"（"好"0.57，"较好"0.38），评价的程序遵循环境影响评价技术导则的基本要求，使用的方法专业有效，报告书内容完整、数据翔实，所得结论易于政府工作人员和普通公众理解。

（3）五大区域重点产业发展战略环境评价的目标有效性较好（"好" 0.36，"较好" 0.44）。调查问卷参与者认为战略环评的成果应用情况是评价战略环评有效性最为重要的部分。本次战略环境评价报告书的结论科学严谨，具有一定的合理性，对于评价区域优化调整产业结构、优化产业布局具有指导意义，战略环评的成果对决策和规划的制定有较好的贡献，能够减缓当地环境影响程度，促进可持续发展。

（4）五大区域重点产业发展战略环境评价的间接效果为"较好"（"好" 0.26，"较好" 0.44，"一般" 0.26），战略环境评价的开展在一定程度上加强了政府和区域各部门之间的合作交流，增加了区域相关决策和规划制定的透明度。政府人员和公众的环境意识有所增加。也有部分专家认为此次战略环境评价的开展对于增加各部门之间合作交流及增加决策透明度效果一般，对于提高公众的环保意识作用不是很大。

根据各个评价等级的隶属度和评价等级的取值，加权计算有效性评价结果为 3.18，介于 2.5～3.5，综合评价结果表明五大区域重点产业发展战略环境评价的有效性较好。

7.2.4　有效性研究与实际情况的响应

在五大区域重点产业发展战略环境评价开展后，对辽宁、福建、广西、四川等省（区）进行了实地调研，并多次开展专家研讨。成果应用的总体情况如下：

（1）为国家和区域重大战略制定提供了重要依据，拓展了环境保护参与综合决策的深度和广度。

（2）为重点区域和行业优化布局提供了宏观指导，推进国土空间合理开发。

（3）为相关规划环评和项目环评提供了基础前提，严格环境准入管理。

（4）为地方制定并完善环保管理政策提供了科学支撑，推进区域环境战略性保护。

　　五大区域重点产业发展战略环评有效性研究的评价结果与实地调研情况基本吻合，战略环评的实施结果即目标有效性较好，战略环评的成果能够被当地政府在决策和制定规划过程中采纳，对于减缓当地环境影响程度、促进可持续发展具有战略性意义。

　　调研过程中发现，战略环评成果应用中也存在一些问题。当初战略环评研究提出了两大矛盾（空间布局与生态安全格局的矛盾、结构规模与资源环境承载能力的矛盾）在一些地方可能会进一步激化的预测。造成这一现象的原因很复杂，但从战略环评的角度来看，至少有3个方面的问题值得关注：一是战略环评的成果应用机制不健全，未建立有效的后续指导和反馈机制；二是地方的发展愿景和实际态势超出了当初设想；三是战略环评的理论技术方法有待提升。

7.2.5　提高有效性的对策措施

　　综合评价结论和实地调研的成果应用情况，针对战略环境评价实施应用中存在的问题，为充分发挥战略环评对于生态文明建设的推动作用，提出以下提高有效性的对策措施：

　　（1）完善与地方的沟通协调机制。战略环评完成后，应继续做好与地方的沟通协调，对成果落实情况进行定期跟踪和监督，推动地方政府在重大开发建设决策中真正将其作为重要参考依据。当前，要抓住一些地方申报国家级新区、产业园区（开发区）的契机，促使战略环评成果在新区或园区的发展决策过程中充分发挥指导作用。

　　（2）强化战略环评对规划和项目环评的指导和反馈机制。逐步构建起从宏观到中观再到微观的全方位管理体系，规划环评应以战略环评为重要基础依据，符合战略环评的要求；项目环评要把规划环评作为前提和依据，符合上层位规划环评的要求；项目环评不符合战略或规划环评要求的，一律不予审批。

　　（3）加强战略环评的理论技术方法研究。以正在开展的中部地区发展战略环评为抓手，坚持问题导向的思路，着眼于解决实际问题，以推动环境质量改善和环境风险防范为目标，进一步完善战略环评的理论技术方法，提升工作的有效性。

　　（4）加大战略环评的培训和宣传力度。配合组织人事部门，把战略环评纳入干部培训计划，重点是对分管发改、建设的政府领导进行培训。同时，加强对环评从业人员和专家的业务培训，使战略环评成果在规划和项目的环评文件编制和咨询论证中得到更好运用。与新闻媒体加强沟通，对五大区域战略环评和西部大开发战略环评的成果以及中部地区发展战略环评的进展情况等进行广泛宣传。

第8章
滨海新区发展战略环境影响评价有效性评估

8.1 滨海新区发展战略环境影响评价概述

8.1.1 项目背景

2006 年，《国务院关于推进天津滨海新区开发开放有关问题的意见》（国发〔2006〕20 号）将滨海新区定位为：依托京津冀、服务环渤海、辐射"三北"、面向东北亚，努力建设成为我国北方对外开放的门户、高水平的现代制造业和研发转化基地、北方国际航运中心和国际物流中心，逐步成为经济繁荣、社会和谐、环境优美的宜居生态型新城区。2009 年，国务院批复同意天津市调整滨海新区行政区划，建立统一的滨海新区行政区，为滨海新区开发开放、科学发展提供了重要的体制机制保障。

面对难得的发展机遇，滨海新区正在掀起新一轮开发开放的建设热潮。滨海新区的发展不仅关系到天津的发展，还关系到环渤海地区的发展，作为全国综合配套改革试验区，更是在国家发展战略中占有举足轻重的地位。随着滨海新区经济的快速发展，各种资源的约束将越来越突出，环境压力也越来越大。滨海新区要想解决发展中面临的资源环境问题，实现又好又快发展，应从源头上预防或减轻环境污染和生态破坏，积极推进战略环境评价的深入开展。

中央、天津市领导及相关部门都非常重视滨海新区的可持续发展，并积极推动滨海新区的战略环评工作。2007 年 7 月，全国政协委员视察团来滨海新区考察时，政协委员十分强调开展战略环境评价工作的紧迫性和重要性，并提出滨海新区加快开展战略环评工作的建议。前市长戴相龙高度重视实施滨海新区发展战略环境影响评价的建议，并于 2007 年 8 月批示相关单位予以支持。2007 年 11 月，国家环保总局复函关于开展滨海新区战略环评工作报告，表示"天津滨海新区作为我国的综合配套改革试验区，开展战略环评工作对于贯彻落实党的十七大精神，促进生产力的合理布局、资源的优化配置及产业结构的优化调整具有重要意义"。2008 年 5 月，为积极推动滨海新区战略环评工作的全面开展，天津市政府组织成立了滨海新区发展战略环境影响评价领导小组，并组织开展了滨海新区发展战略环境影响评价工作，目的是从战略高度将可持续发展的因素纳入滨海新区经济和社会发展的综合决策中。

8.1.2　评价对象

本次评价开始之时，正值"十一五"中期，2006 年编制的《天津滨海新区国民经济和社会发展第十一个五年规划纲要》和《天津滨海新区城市总体规划（2005—2020 年）》作为指导滨海新区发展的重要规划，在评价工作初期为确定滨海新区未来发展战略提供了重要的依据。随着新一轮滨海新区城市总体规划的修编，滨海新区发展方向出现了新的变化。2008 年以来，评价工作组在早期介入的基础上，与相关规划编制单位进行了充分的互动与交流，并密切追踪滨海新区最新发展态势，也将《天津滨海新区城市总体规划（2009—2020）》（阶段稿）中提出的新的发展战略作为本次评价的对象。同时，在该总体规划之前编制的《天津市滨海新区空间发展战略研究（2008—2020）》也为本次评价确定滨海新区发展战略提供了重要的参考。

评价的空间范围：天津市滨海新区，陆域面积 2 270 km²，兼顾周边地区。

评价的时间范围：2008—2020 年，评价的基准年为 2007 年。

8.1.3 工作过程

本次评价主要分为四个阶段：

第一阶段：在资源、环境现状调查的基础上，分析滨海新区的发展优势和主要环境问题，然后进行滨海新区发展战略的分析和环境影响识别与筛选，并结合资源、环境现状分析的结果，划定评价的范围、深度和重点，确定评价指标体系及各项指标的标准值。

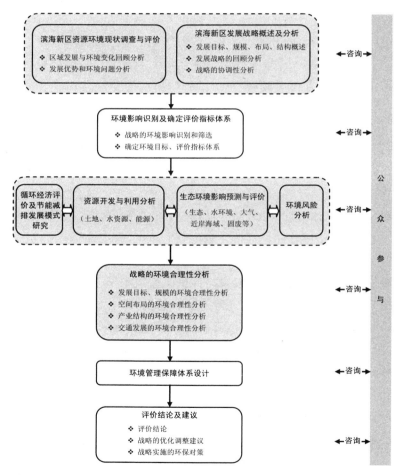

图 8.1　滨海新区发展战略环境影响评价技术路线

第二阶段：分析滨海新区的土地资源、水资源、能源对滨海新区未来社会经济发展的支撑能力；预测评价未来滨海新区环境空气质量、水环境质量、生态环境、近岸海域、固体废物等环境要素的发展变化趋势；并对滨海新区未来发展战略开展环境风险评价和循环经济评价。

第三阶段：综合分析与评价滨海新区发展目标、规模、空间布局、产业结构和交通发展等的环境合理性，并进行环境管理保障体系的创新设计。

第四阶段：综合上述第二、第三阶段预测和分析的结果，给出本次评价的结论，并提出滨海新区发展战略的调整与补充建议、发展战略实施的环保对策。

8.2　滨海新区发展战略环境影响评价有效性评估

8.2.1　层次分析法确定权重

（1）构建判断矩阵。相对于 SEA 有效性指标这个总目标 A 来说，其一级指标层内有 4 个指标，背景有效性评价、程序有效性评价、目标有效性评价以及增量有效性评价（B_1，B_2，B_3，B_4），将其分别进行两两比较，得到相对重要性矩阵 **A-B**，见表 8.1。

表 8.1　判断矩阵 A-B

总评价	目标有效性 B_3	增量有效性 B_4	背景有效性 B_1	程序有效性 B_2	权重 a
目标有效性 B_3	1	5	7	2	0.52
增量有效性 B_4	1/5	1	3	1/3	0.12
背景有效性 B_1	1/7	1/2	1	1/5	0.06
程序有效性 B_2	1/2	3	5	1	0.30

将判断矩阵 A 每一列归一化处理为：

$$\sum_{k=1}^{4} a_{k1} = 1 + 1/5 + 1/7 + 1/2 = 1.84$$

$$\alpha_{11} = \frac{a_{11}}{\sum\limits_{k=1}^{4} a_{k1}} \approx 0.54$$

$$\alpha_{21} = \frac{a_{21}}{\sum\limits_{k=1}^{4} a_{k1}} \approx 0.11$$

$$\alpha_{31} = \frac{a_{31}}{\sum\limits_{k=1}^{4} a_{k1}} \approx 0.08$$

$$\alpha_{41} = \frac{a_{41}}{\sum\limits_{k=1}^{4} a_{k1}} \approx 0.27$$

其余列计算同上，可得判断矩阵按列归一化形成矩阵，并按行相加，行和归一化，得出原始矩阵的权重，计算结果见表 8.2。

表 8.2　判断矩阵 A-B 的加权求和

各列归一化结果				行和	权重 W
0.54	0.53	0.44	0.57	2.07	0.52
0.11	0.11	0.19	0.09	0.50	0.12
0.08	0.05	0.06	0.06	0.25	0.06
0.27	0.32	0.31	0.28	1.18	0.30

计算判断矩阵的最大特征根：

$$AW = \begin{bmatrix} 1.00 & 5.00 & 7.00 & 2.00 \\ 0.20 & 1.00 & 3.00 & 0.33 \\ 0.14 & 0.50 & 1.00 & 0.20 \\ 0.50 & 3.00 & 5.00 & 1.00 \end{bmatrix} \times \begin{bmatrix} 0.52 \\ 0.12 \\ 0.06 \\ 0.30 \end{bmatrix} = \begin{bmatrix} 2.16 \\ 0.51 \\ 0.26 \\ 1.24 \end{bmatrix}$$

$$\lambda_{\max} = \frac{1}{4} \sum_1^4 \frac{AW_i}{W_i} = 4.16$$

为了检验判断矩阵的一致性（或相容性），可以进行检验一致性。

一般用 CI 这个一致性指标：$CI = \frac{\lambda_{\max} - n}{n-1} = 0.053$。

在检验一致性时,还得将 CI 与平均随机一致性指标 RI 进行比较,查表得出 RI 为 0.90,得出检验数 $CR=\dfrac{CI}{RI}$ =0.053/0.90=0.059<0.1,认为判断矩阵具有很好的一致性。

（2）每个一级指标单一准则下二级指标相对权重的确定

同上,计算每个一级指标单一准则下的二级指标之间的相对权重。一级指标背景有效性 B_1 下的 2 个二级指标（C_1，C_2）进行两两比较得出相对重要性判断矩阵 B_1-C,见表 8.3。

表 8.3 判断矩阵 B_1-C 权重及一致性检验

背景有效性 B_1	制度法律 C_1	政策支持 C_2	权重 W	CI
制度法律 C_1	1	2	0.67	0
政策支持 C_2	1/2	1	0.33	CR
				0<0.1

一级指标背景有效性 B_2 下的 3 个二级指标（C_3，C_4，C_5）进行两两比较得出相对重要性判断矩阵 B_2-C,见表 8.4。

表 8.4 判断矩阵 B_2-C 权重及一致性检验

实践有效性 B_2	方法 C_3	程序 C_4	报告书 C_5	权重 W	CI
方法 C_3	1	1/2	3	0.34	0.027
程序 C_4	2	1	3	0.52	CR
报告书 C_5	1/3	1/3	1	0.14	0.05<0.1

一级指标背景有效性 B_3 下的 3 个二级指标（C_6，C_7，C_8）进行两两比较得出相对重要性判断矩阵 B_3-C,见表 8.5。

表 8.5 判断矩阵 B_3-C 权重及一致性检验

实践有效性 B_3	环境影响 C_6	规划采纳 C_7	报告书结论 C_8	权重 W	CI
环境影响 C_6	1	1/2	3	0.34	0.027
规划采纳 C_7	2	1	3	0.52	CR
报告书结论 C_8	1/3	1/3	1	0.14	0.05<0.1

一级指标背景有效性 B_4 下的 3 个二级指标（C_9，C_{10}，C_{11}）进行两两比较得出相对重要性判断矩阵 **B_4-C**，见表 8.6。

表 8.6　判断矩阵 B_3-C 权重及一致性检验

实践有效性 B_3	规划透明 C_9	部门合作 C_{10}	环保意识 C_{11}	权重 W	CI
规划透明 C_9	1	0.92	1.07	0.33	0
部门合作 C_{10}	1.08	1	1.17	0.36	CR
环保意识 C_{11}	0.92	0.85	1	0.31	0<0.1

同理，可依次求得所有二级指标下的三级指标的相对权重，最后得到整个指标体系的相对权重系数如表 8.7 所示。

表 8.7　指标体系的相对权重系数

一级指标 B	权重	二级指标 C	权重	三级指标 D	权重	合成权重
背景有效性 B_1	0.06	政策背景指标 C_1	033	国家和当地政府对 SEA 的态度	1.00	0.02
		制度法律指标 C_2	0.67	制定相关法规并遵循	1.00	0.040
程序有效性 B_2	0.30	方法有效性指标 C_3	0.34	方法的可行性和灵活性	0.50	0.051
				定性定量方法结合	0.50	0.051
		程序有效性指标 C_4	0.52	对规划环境影响评价导则的遵循程度	0.33	0.05
				程序开展的有效程度	0.67	0.10
		报告书有效性指标 C_5	0.14	内容完整，数据翔实	0.33	0.014
				结论清晰，公众易理解	0.67	0.028
目标有效性 B_3	0.52	环境影响的减缓 C_6	0.34	减缓环境影响程度	1.00	0.177
		对规划的有效性 C_7	0.52	规划对 SEA 结论的采纳程度	1.00	0.270
		SEA 结论有效性 C_8	0.14	结论的合理性	1.00	0.073
增量有效性 B_4	0.12	部门合作 C_9	0.36	促进部门合作	1.00	0.043
		规划透明 C_{10}	0.33	使规划更具透明度	1.00	0.040
		环保意识 C_{11}	0.31	公众的环保意识	0.33	0.012
				规划部门的环保意识	0.67	0.025

8.2.2　模糊综合评价

在通过层次分析法确定了各个指标的权重后,利用模糊评价,对SEA 有效性进行评价。

建立模糊变量集合为: $D=\{d_1,\ d_2,\ d_3,\ d_4,\ d_5,\ d_6,\ d_7,\ d_8,\ d_9,\ d_{10},\ d_{11},\ d_{12},\ d_{13},\ d_{14},\ d_{15}\}$, D 为所有影响因素的集合。

建立模糊评语集: $P=\{1,\ 2,\ 3,\ 4\}$, 其中, 1 为好, 2 为较好, 3 为一般, 4 为较差。

通过专门的评分小组对评价对象优劣程度的定性描述,评语集对各层次指标都是一致的。建立评语集,具体做法是选取规划人员代表和有关专家组成评审团,这些专家再结合自身的工作经验对指标体系的第三级指标进行单因素评价,然后用问卷调查的方法,对数据进行统计得到评语集。表 8.8 表示的是由 10 个专家对滨海新区战略环境评价各指标的评价结果。

表 8.8　专家对滨海新区战略环境评价指标的评价

一级指标 B	二级指标 C	三级指标 D	好	较好	一般	较差
背景有效性 B_1	政策背景指标 C_1	国家和当地政府对 SEA 的态度	9	1	0	0
	制度法律指标 C_2	制定相关法规并遵循	10	0	0	0
程序有效性 B_2	方法有效性指标 C_3	方法的可行性和灵活性	4	6	0	0
		定性定量方法结合	9	1	0	0
	程序有效性指标 C_4	对规划环境影响评价导则的遵循程度	8	2	0	0
		程序开展的有效程度	8	2	0	0
	报告书有效性指标 C_5	内容完整,数据翔实	4	6	0	0
		结论清晰,公众易理解	8	2	0	0
目标有效性 B_3	环境影响的减缓 C_6	减缓环境影响程度	8	2	0	0
	对规划的有效性 C_7	规划对 SEA 结论的采纳程度	1	7	2	0
	SEA 结论有效性 C_8	结论的合理性	3	7	0	0
增量有效性 B_4	部门合作 C_9	促进部门合作	8	2	0	0
	规划透明 C_{10}	使规划更具透明度	4	5	1	0
	环保意识 C_{11}	公众的环保意识	0	7	3	0
		规划部门的环保意识	8	2	0	0

根据单因素评价三级指标对等级模糊子集的隶属度，构建各三级指标的模糊关系矩阵。为确保评价的客观性，本书选取 10 位曾经参与滨海新区规划和战略环境评价专家组成评审团（其中 5 位专家来自规划部门，5 位专家来自从事战略环境评价的资质单位），10 位专家结合滨海新区战略环境评价的经验，对指标体系进行单因素评价，在此基础上，本书对数据进行统计得到评语集。

（1）确定第三层次模糊关系矩阵

根据表 8.8 的专家打分情况，运用模糊统计的方法将评价表中的数据做模糊化处理，可得到第三层次的模糊矩阵：

$$R_{31}=\begin{bmatrix} 0.9 & 0.1 & 0 & 0 \end{bmatrix}$$

$$R_{32}=\begin{bmatrix} 1 & 0 & 0 & 0 \end{bmatrix}$$

$$R_{33}=\begin{bmatrix} 0.4 & 0.6 & 0 & 0 \\ 0.9 & 0.1 & 0 & 0 \end{bmatrix}$$

$$R_{34}=\begin{bmatrix} 0.8 & 0.2 & 0 & 0 \\ 0.8 & 0.2 & 0 & 0 \end{bmatrix}$$

$$R_{35}=\begin{bmatrix} 0.4 & 0.6 & 0 & 0 \\ 0.8 & 0.2 & 0 & 0 \end{bmatrix}$$

$$R_{36}=\begin{bmatrix} 0.8 & 0.2 & 0 & 0 \end{bmatrix}$$

$$R_{37}=\begin{bmatrix} 0.1 & 0.7 & 0.2 & 0 \end{bmatrix}$$

$$R_{38}=\begin{bmatrix} 0.3 & 0.7 & 0 & 0 \end{bmatrix}$$

$$R_{39}=\begin{bmatrix} 0.8 & 0.2 & 0 & 0 \end{bmatrix}$$

$$R_{310}=\begin{bmatrix} 0.4 & 0.5 & 0.1 & 0 \end{bmatrix}$$

$$R_{311}=\begin{bmatrix} 0 & 0.7 & 0.3 & 0 \\ 0.8 & 0.2 & 0 & 0 \end{bmatrix}$$

（2）确定各层次权重向量

$W_{C1}=\begin{bmatrix} 1.0 \end{bmatrix}$ $\quad W_{C2}=\begin{bmatrix} 1.0 \end{bmatrix}$ $\quad W_{C3}=\begin{bmatrix} 0.5 & 0.5 \end{bmatrix}$ $\quad W_{C4}=\begin{bmatrix} 0.33 & 0.67 \end{bmatrix}$
$W_{C5}=\begin{bmatrix} 0.33 & 0.67 \end{bmatrix}$ $\quad W_{C6}=\begin{bmatrix} 1.0 \end{bmatrix}$ $\quad W_{C7}=\begin{bmatrix} 1.0 \end{bmatrix}$ $\quad W_{C8}=\begin{bmatrix} 1.0 \end{bmatrix}$ $\quad W_{C9}=\begin{bmatrix} 1.0 \end{bmatrix}$
$W_{C10}=\begin{bmatrix} 1.0 \end{bmatrix}$ $\quad W_{C11}=\begin{bmatrix} 0.33 & 0.67 \end{bmatrix}$

（3）进行模糊综合评价

第三层次模糊综合评价：

$$C_i = W_{Ci} \times R_{3i}$$

$$C_1 = W_{C1} \times R_{31} = \begin{bmatrix} 1.0 \end{bmatrix} \times \begin{bmatrix} 0.9 & 0.1 & 0 & 0 \end{bmatrix} = \begin{bmatrix} 0.9 & 0.1 & 0 & 0 \end{bmatrix}$$

同理计算其他数值，得到表 8.9。

表 8.9　指标体系模糊综合评价

C	好	较好	一般	较差
C_1	0.9	0.1	0	0
C_2	1	0	0	0
C_3	0.65	0.35	0	0
C_4	0.8	0.2	0	0
C_5	0.67	0.33	0	0
C_6	0.8	0.2	0	0
C_7	0.1	0.7	0.2	0
C_8	0.3	0.7	0	0
C_9	0.8	0.2	0	0
C_{10}	0.4	0.5	0.1	0
C_{11}	0.54	0.36	0.1	0

由上述结果，结合表 8.9 得到第二层次的模糊评价矩阵：

$$R_{21} = \begin{bmatrix} 0.9 & 0.1 & 0 & 0 \\ 1.0 & 0 & 0 & 0 \end{bmatrix} \qquad R_{22} = \begin{bmatrix} 0.65 & 0.35 & 0 & 0 \\ 0.80 & 0.20 & 0 & 0 \\ 0.67 & 0.33 & 0 & 0 \end{bmatrix}$$

$$R_{23} = \begin{bmatrix} 0.8 & 0.2 & 0 & 0 \\ 0.1 & 0.7 & 0.2 & 0 \\ 0.3 & 0.7 & 0 & 0 \end{bmatrix} \qquad R_{24} = \begin{bmatrix} 0.80 & 0.20 & 0 & 0 \\ 0.40 & 0.50 & 0.1 & 0 \\ 0.54 & 0.36 & 0.1 & 0 \end{bmatrix}$$

进行第二层次模糊评价：

$$B_1 = W_{21} \times R_{21} = \begin{bmatrix} 0.97 & 0.03 & 0 & 0 \end{bmatrix}$$
$$B_2 = W_{22} \times R_{22} = \begin{bmatrix} 0.73 & 0.27 & 0 & 0 \end{bmatrix}$$
$$B_3 = W_{23} \times R_{23} = \begin{bmatrix} 0.37 & 0.53 & 0.1 & 0 \end{bmatrix}$$
$$B_4 = W_{24} \times R_{24} = \begin{bmatrix} 0.59 & 0.35 & 0.06 & 0 \end{bmatrix}$$

由上述结果结合表 8.9 得到第一层次评价矩阵：

$$A_{11}=\begin{bmatrix} 0.06 & 0.30 & 0.52 & 0.12 \end{bmatrix} \quad R_{11}=\begin{bmatrix} 0.97 & 0.03 & 0 & 0 \\ 0.73 & 0.27 & 0 & 0 \\ 0.37 & 0.53 & 0.1 & 0 \\ 0.59 & 0.35 & 0.06 & 0 \end{bmatrix}$$

进行第一层次模糊评价：

$$A_1=A_{11}\times R_{11}=\begin{bmatrix} 0.54 & 0.40 & 0.06 & 0 \end{bmatrix}$$

（4）评价结果

综合上述评价内容，可以得到滨海新区战略环境评价结果如表 8.10 所示。

表 8.10　滨海新区战略环境评价有效性综合评估

评价指标	好	较好	一般	较差
制度环境	0.97	0.03	0	0
程序过程	0.73	0.27	0	0
目标效果	0.37	0.53	0.10	0
衍生效果	0.59	0.35	0.06	0
综合有效性	0.54	0.40	0.06	0

8.2.2.1　程序的有效性分析

战略环境评价程序执行有效性是战略环境评价有效性评价的重要内容，是战略环境评价开展得好坏的最直接体现。对于战略环境评价评价人员来说，其对战略环境评价的结论是否为规划采纳关注并不多，而更多地关注战略环境评价开展过程中所采用的方法和战略环境评价的完整性。本书主要通过规划环境影响评价的导则的符合性分析、战略环境评价过程分析、战略环境评价方法分析以及对战略环境评价报告书的整体分析等方面分析战略环境评价实践的有效性。

2003 年，《规划环境影响评价技术导则（试行）》规定了规划环境影响评价开展的程序方法和内容，本书通过分析天津滨海新区战略环境评价程序对《规划环境影响评价技术导则（试行）》遵循程度，研究战略环境评价的程序有效性，见表 8.11。

表 8.11　滨海新区战略环境评价章节与

《规划环境影响评价技术导则（试行）》要求对比

导则要求	导则标准		滨海新区	说明
总则的内容	1. 规划的一般背景	是	增加评价目的与原则、依据、评价工作程序	规划环境影响评价过程是一个研究的过程，需要给出具体的技术路线
	2. 与规划有关的环境保护政策、目标和标准	是		
	3. 环境影响识别表	是		
	4. 评价范围、环境目标和评价指标	是		
	5. 评价方法	是		
规划概述与分析	1. 规划的社会经济目标和环境保护目标	是	缺乏对替代方案的分析增加了规划的主要内容，分析规划的布局合理性，重点阐述了影响发展的资源环境因素	技术导则对规划概述要求较少，但规划作为环评的依据，需要对与环境保护相关的规划内容介绍清楚。替代方案应作为规划环境影响评价的考虑，案例中没考虑
	2. 规划与上下层次规划的关系和一致性分析	是		
	3. 规划目标与其他规划目标、环保规划目标的关系和协调性分析	是		
	4. 符合规划目标和环境目标要求的可行的替代方案概要	否		
区域环境现状调查分析	1. 环境调查工作概述	是	应用情景分析法，详细阐述了区域承载力分析（水、能源、土地）	对区域环境承载力的分析很重要
	2. 规划区域的环境问题，预计"零"方案下的环境发展趋势	是		
	3. 环境敏感区域，环境影响区域	是		
环境影响分析与评价	1. 按照环境主题识别、预测主要环境影响	是	应用不同情景对大气、水、海域、固废、交通进行预测评价，增加环境风险和循环经济分析。缺乏累积影响分析评价	单独提出来社会影响分析，风险分析和循环经济分析加以重点关注。缺乏累积影响分析
	2. 应用不同规划方案或不同设置情景描述识别、预测的主要的直接、间接和累积影响	是		
	3. 对不同规划方案的环境影响进行比较	部分		
规划方案的优化建议与影响减缓措施	1. 描述符合规划目标和环境目标的规划方案并概述防护措施、减缓措施的阶段性目标	是	提出规划的优化和减缓措施（产业结构）、没有提供替代方案	
	2. 环境可行的规划方案的综合评述	是		
	3. 提供环境可行规划方案及替代方案	是		
	4. 规划的结论性意见和建议	是		

导则要求	导则标准		滨海新区	说明
公众参与	1. 公众参与概况	是	通过规划展览和专家咨询进行公众参与	除专家咨询外的公众参与没有成效，公众参与意见的落实情况没有说明
	2. 与环境评价有关专家咨询和公众意见	是		
	3. 专家咨询和公众意见与建议的落实情况	是		
环境管理与监测体系	1. 对下一层次规划或项目环境评价的要求	否	提出环境管理体系创新。缺乏监测与跟踪评价的计划	均未提出对下一层次规划或项目的环境评价要求，加强了风险评价
	2. 监测和跟踪计划	部分		
评价结论与建议	执行总结：采用非技术性文字简要说明规划背景、规划目标、评价过程、环境资源现状、减缓措施公众参与和结果总体评价结论	是	将报告书主要内容进行总结	将报告书的主要内容进行总结
困难性和不确定性	概述在编辑和分析用于环境评价的信息时所遇到的困难和由此导致的不确定性	否		对困难性和不确定性涉及较少
无			添加规划目标与指标的可达性分析 环境容量与总量控制分析	规划目标与指标的可达性分析是规划改革完善的依据

总体上，滨海新区战略环境评价的程序有效性评估如下：

（1）滨海新区战略环境评价的程序和报告书内容基本上遵循《规划环境影响评价导则（试行）》的要求，战略环境评价程序有效性较高，参照表 8.10 为"好"（0.73），但也有一定的不足和优势。

（2）导则要求在对环境影响进行分析和评价时，需要"对不同规划方案可能导致的环境影响进行比较，包括环境目标、环境质量和/或可持续发展的比较"，近年来战略环境评价的评价很少涉及替代方案的评价，滨海新区战略环境评价主要设置了不同的情景对环境影响进行预测和评价，评价较为充分。

（3）导则要求"规划涉及的环境问题可按照当地环境（包括自然景观、文化遗产、人群健康、社会/经济、噪声、交通）、自然资源（水、空气、土壤、动植物、矿产、能源、固体废物）、全球环境（气候、生物多样性）三类分别表述"，2009 年国家颁布的《规划环境影响评价条例》中也规定"对规划实施可能对环境和人群健康产生的长远影响"进行分析评价，但是在案例的战略环境评价中，没有涉及"人群健康和气候"评价。由于缺乏有效的定性和定量的标准，我国的战略环境评价很少涉及健康评价。

（4）累积影响评价是战略环境评价的重要内容，导则要求"预测环境影响，包括直接的、间接的环境影响，特别是规划的累积影响"，但是案例没有考虑累积环境影响。

（5）导则要求"概述在编辑和分析用于环境评价的信息时所遇到的困难和由此导致的不确定性"，滨海新区战略环境评价对这两项内容均未涉及。

（6）对于环境管理与监测体系，滨海新区战略环境评价仅提出环境管理体系创新，缺乏监测与跟踪评价的计划。

（7）滨海新区战略环境评价案例进行了"风险分析与评价、循环经济分析评价"。《规划环境影响评价技术导则（试行）》提出了在拟定环境保护对策与措施时应遵循"预防为主"的原则和预防、最小化、减量化、修复补救与重建的优先顺序，但是未明确要求在环境影响评价过程中运用循环经济思想，也没有要求开展风险分析。本书案例战略环境评价开展循环经济和风险分析是对战略环境评价的探索和对环境的重视。

战略环境评价涉及不同的阶段和过程，下面本书就案例不同阶段的实施效果进行评估，本次评估选取早期介入、替代方案、识别阶段、战略环境评价数据收集及评价、累积影响评价、公众参与、减缓措施和监测跟踪、战略环境评价的审查等方面进行战略环境评价程序有效性的评估。评估主要针对战略环境评价的报告书展开，同时通过访谈和问卷咨询了评价人员和规划部门的意见和建议。

滨海新区战略环境评价在规划制定过程中介入，辅助规划的编制，使规划更具有科学性；同时，滨海新区战略环境评价考虑了不同设置情景下的发展模式，从而提出环境经济社会相协调的方案；此外，评价识别过程较为科学合理，对主要的环境问题进行了有效的识别，对环境影响进行了较为合理的论证，但是滨海新区战略环境评价没有考虑规划的累积环境影响评价，且缺乏相应的跟踪监测方案。

表 8.12　滨海新区战略环境评价程序开展的有效性

标准	标准	滨海新区
早期介入	有没有早期介入	在规划初稿完成后介入战略环境评价，相对较早
替代方案	有没有考虑替代方案	没有考虑规划的替代方案，但是在对大气、水、土地、噪声等环境因素进行评价时采用了情景分析
有效的识别过程	影响因子识别，影响范围识别，时间跨度识别，影响性质识别	识别滨海新区发展战略对资源、环境等方面产生的影响，判别影响程度及其是否为跨区域环境问题；缺乏对社会和经济影响的识别，缺乏对积极的环境影响的识别
对重要的环境影响进行评价	直接、间接累积影响，环境保护、质量、规划合理性分析	对环境影响进行了有效的评价，定量与定性相结合，定量为主
累积环境影响评价	从时间空间考虑累积环境影响	考虑较少，稍微考虑了多种影响源在时间和空间上的分布
公众参与的机会和效果	参与时间、形式、效果以及参与的主体	以规划展览和专家咨询为主，没有普通公众的参与。但是专家咨询做得很好
减缓措施	对规划目标和环境目标提出可行的减缓措施	提出环境影响的防护对策以及环境可行的规划方案
跟踪评价	跟踪评价的方案因子指标	没有跟踪评价方案

8.2.2.2　结果的有效性分析

　　近年来，国际上普遍认为判定战略环境评价有效性的重要标准是判定战略环境评价的目标可达性，一般来说，战略环境评价的有效性在于其是否减缓或者避免了规划、政策和项目的环境影响，促进了可持续发展，同时使规划更具科学性。

　　本书就战略环境评价的目标有效性采访了相关专家和规划人员，通过数学模糊综合评判法得出结论，虽然相对于战略环境评价的制度环境有效性和程序有效性，滨海新区战略环境评价的目标有效性较为一般，但通过专家咨询和综合评判，得出评价等级为"较好"（0.53），说明滨海新区战略环境评价的目标可达性较为有效。评价标准及结果见表 8.13。

表 8.13　滨海新区战略环境评价目标有效性评价标准及结果

标准	滨海新区	说明
规划更具科学性	规划完善环境保护的内容，修改可能导致不利环境影响的内容，影响程度中等	由于滨海新区战略环境评价部分规划的制定人员本身也是该战略环境评价的成员，很难界定规划的调整是否是采纳了该战略环境评价的成果
采纳情况 战略环境评价是否纳入规划决策	部分采纳	通过滨海新区战略环境评价，战略规划重点采纳了生态格局、水资源利用、产业布局、入区产业控制、滨海新区生态工业建设方面的建议。最大的优点是产业布局与结构的调整
有利于环境保护，促进可持续发展	部分。即使环境问题有，仍没有改动规划	战略环境评价评价人员和规划人员一致认为对重点开发区域开展战略环境评价是必要的，战略环境评价能够从源头上防范环境污染、保障区域生态环境安全。滨海新区战略环境评价结合现状及规划期间可能产生的主要环境问题提出了减缓措施与战略调整建议，有利于保护环境，减缓对环境和社会的影响
战略环境评价结论对决策是否起到至关重要的作用	评价提出可持续的建议，对经济发展不利的建议未采纳	仅仅辅助决策制定，决策仍以经济发展为重

8.2.3　评估结果

本书通过问卷调查和半结构式访谈对滨海新区战略环境评价有关专家和规划编制人员进行了咨询，并采用层次分析法分析了战略环境评价有效性标准的不同权重（背景有效性、执行程序有效性、目标有效性和增量有效性），通过模糊数学综合评判法对滨海新区战略环境评价的有效性进行综合评价。得出结论如下：

（1）滨海新区战略环境评价的政策制度环境有效性较高（"好"0.97），天津市滨海新区注重环境保护，针对滨海新区战略环境评价颁布了相关的法规规章，对滨海新区战略环境评价给予支持态度。此外，滨海新区战略环境评价的开展遵循环保部的相关规章，环保部颁布的规章条文也为评价的开展提供了法律支持和技术支持。

（2）滨海新区战略环境评价执行的程序方法的有效性较高，评价的程序遵循《规划环境影响评价技术导则（试行）》的要求，同时增加了循环经济和风险评价的内容。滨海新区战略环境评价介入战略规划的时间较早，通过设置不同的情景方案综合评价战略规划的发展影响，由于滨海新区发展战略具有层次高、未来发展不确定因素多等特点，普通公众在知识、环境意识等方面都存在局限性，很难独立扮演公众参与的主体角色，而环境专家具备相关的专业知识，能够更加准确地为滨海新区的发展把脉，滨海新区在专家公众参与方面做得较为成功。但是滨海新区战略环境评价对战略规划的累积影响以及跟踪评价监测等方面鲜有涉及。

（3）滨海新区战略环境评价的目标有效性相对"较好"（0.53），战略环境评价完善了规划环境保护的内容，修改可能导致不利环境影响的内容，影响程度中等，同时规划中采纳了战略环境评价报告中有关滨海生态格局、水资源利用、产业布局与结构调整等方面的建议，对规划的开展具有积极的意义。

（4）滨海新区战略环境评价的间接效果为"好"（0.59），战略环境评价的开展在一定程度上加强了部门之间的合作交流，增加规划开展的透明度，通过战略环境评价的开展，规划人员和政府人员的环境意识有所增加。

根据隶属度的原则，滨海新区战略环境评价有效性的模糊综合评价"好"为0.54，"较好"为0.40，有效度较高。综合各个单项的评价结果，该战略环境评价背景效果为"好"，执行程序和方法等各指标评价为"好"，但是在目标的可达性方面稍有不足，专家认为战略环境评价对"减缓环境影响，将环境因素纳入规划考虑中，实现可持续发展"的作用相对较小。

第 9 章
结论与展望

社会经济的快速发展给自然生态环境带来前所未有的压力，环境污染、生态退化、资源短缺等环境资源问题日益突出。资源环境问题产生的主要原因在于人类社会经济活动对自然生态系统的扰动与破坏性影响。保护资源环境，实现可持续发展，就需要转变末端治理的方式，从决策源头识别可能的资源环境问题。战略环境评价作为一项从决策源头预防环境污染和生态破坏的主要决策辅助制度，是我国落实科学发展观、建设生态文明、实现经济转型的重要手段，其在协调经济发展与环境保护方面有着重要的作用。

战略环境评价作为一种现代的环境管理工具，其自身制度有效性、实施效果以及有效性影响因素机理等问题，直接决定着战略环境评价存在的价值性，也在一定程度上决定着战略环境评价发展的前景与方向。战略环境评价的有效性自提出以来一直是我国环境影响评价领域研究的薄弱环节，从 20 世纪 90 年代开始，国际上已经重视战略环境评价的有效性研究，但以"质量、程序"为核心的研究重点忽略了战略环境评价的功能价值、效果等方面。而对战略环境评价有效性评估的研究至今没有形成比较清晰的研究框架，这也使得战略环境评价尽管在宣传导向上已形成了一定的影响，但对于一个国家或社会规划决策的实践导向的影响却较为有限。为提高战略环境评价系统的有效性，同时探究其对决策的作用，本书从战略环境评价的有效性内涵和功能入手进行深入剖析，构建了战略环境评价的一般研究框架，对我国战略环境评价的有效性实施现状进行剖析和问题诊断；以有效性影响因素为出发点，在已有的单一学科研究成果的基础上，探讨影响战略环境评价有效性的因素以及不同因素间的影响机理；构建了我国战略环境评价有效性评估的整合框架模型，并进行了实证检验。通过研究，建立科学的、动态的我国战略环境评价有效性评估的指标计算模型和测度体系、丰富和发展了有效性定量评估的理论和方法，在一定程度上，为战略环境评价的应用发展及有效性定量研究开辟了新的思路和方法，为我国战略环境评价工作的完善提供了科学的决策支持。

战略环境评价的有效性研究在我国是一项较为新颖且具挑战性的研究课题，本书做了尝试性探索，为今后的深入研究做铺垫，也希望能吸引更多的学者关注战略环境评价的有效性研究，同时，战略环境评价研究有待进一步地深入开展。

（1）战略环评重在协调区域或跨区域发展环境问题，划定红线，为"多规合一"和规划环评提供基础。深入开展战略环评工作，制定落实"三线一单"的技术规范，完成京津冀、长三角、珠三角等三大地区战略环评，组织开展长江经济带和"一带一路"战略环评。

（2）强化战略环评应用。健全成果应用落实机制，将生态保护红线作为空间管制要求，将环境质量底线和资源利用上限作为容量管控和环境准入要求。各级环保部门在编制有关区域和流域生态环保规划时，应充分吸收战略环评成果，强化生态空间保护，优化产业布局、规模、结构。

（3）开展政策环境评价试点。完成新型城镇化、发展转型等重大政策环评试点研究，建立政策制定机关为主体、有关方面和专家充分参与的政策环评机制及技术框架体系。

（4）建立基于大数据的环境影响预警体系。完善全国环评基础数据库。建设"智慧环评"综合监管平台，开发环评质量校核、分析统计、预测预警、信息公开、诚信记录等功能。研究制订预警指标体系、预警模型和技术方法，探索建立环境数据与经济社会发展数据以及土地、城市等空间管理数据的集成应用机制，实现"三线一单"监督性监测和预警。

（5）开展区域环境影响预警试点。以改善环境质量为目标，开展区域环境容量匡算和预警。开展长江经济带和京津冀协同发展战略环境影响预警。开展典型重点开发区域和优化开发区域资源环境承载预警试点。开展典型限制开发区域和禁止开发区域空间红线预警。

（6）加强环评技术导则体系顶层设计。建立以改善环境质量为核心的源强、要素、专题技术导则体系。修订《环境影响评价技术导则 总纲》《规划环境影响评价技术导则 总纲》。建立技术导则实施效果评估与反馈机制，定期对现行技术导则的适用性、有效性、可操作性进行跟踪评估，并开展滚动修订。

（7）加强技术评估队伍建设。加强环评专家队伍建设，实现国家和地方专家库共享。改进技术评估方式、方法，完善专家随机抽取机制，建立专家信用档案。将技术评估相关事项纳入政府购买服务范围。

（8）加强环评重大宏观政策、基础理论及技术方法研究。强化国家环评重点实验室能力建设。开展环境影响评价模型标准化建设。开展涉及改善环境质量的环评基础性问题及关键技术研究。加强环评领域前沿科学国际合作研究。引进国际先进环评技术方法并开展本地化应用。广泛动员社会科研力量参与环评研究。强化人才培养机制，打造具有创新力和影响力的环评科研团队。联合技术能力强、研究基础好的高校和科研院所，建立国家环评技术研发和应用创新平台，全面推进环评技术创新、能力建设和应用示范工作。

参考文献

[1]   Devuyst Dimitrl. Sustainability Assessment ： the Application of a Methodological Framework[J]. Environmental Assessment Policy and Management，1999，1（4）：459-487.

[2]   Thérivel R，Minas P. Measuring SEA effectiveness：Ensuring effective sustainability appraisal[J]. Impact Assessment Project Appraisal，2002，2：81-91.

[3]   Partidário R M. Elements of an SEA framework——improving the added value of SEA[J]. Environmental Impact Assessment Review，2000，20：647-663.

[4]   田良. 环境影响评价丛论[D]. 北京：北京大学，2000.

[5]   君宁. 基于绩效评估的战略环境评价体系研究[D]. 大连：大连理工大学，2011.

[6]   国家环保总局. 规划环境影响评价技术导则（试行）（HJ/T 130—2003）[S]. 北京：中国环境科学出版社，2003.

[7]   汲奕君. 循环经济理念融入环境影响评价研究[D]. 天津：南开大学，2008.

[8]   唐弢. 面向环境友好型社会的规划环境影响评价研究[D]. 天津：南开大学，2008.

[9]   吴静. 规划环境影响评价在生态城市建设中的应用研究[D]. 天津：南开大学，2006.

[10] 潘岳. 在历史的教训中推进战略环评[J]. 人民论坛，2005（9）：6-8.

[11] 潘岳. 战略环评与可持续发展[DB/OL]. 人民网. http://theory.people.com.cn/GB/41038/5593437.html[2007-04-10].

[12] 于连生. 环境价值核算对环境影响评价有效性的影响[J]. 环境科学，1997，18（2）：70-73.

[13] Ortolano L，B Jenkins，R P Abracosa. Speculations on When and Why EIA is Effective[J]. EIA Review，1987（7）：285-292.

[14] Sadler B. Environmental Assessment in a Changing World：Evaluating Practice

to Improve Performance, International Study of the Effectiveness of Environmental Assessment, Ottawa: Minister of Supply and Services Canada, 1996.

[15] Therivel, Riki. Strategic environmental assessment of development plans in Great Britain[J]. Environmental Impact Assessment Review, 1998, 18 (1): 39-57.

[16] Therivel. Environmental appraisal of development plans: current status[J]. Planning Practice & Research, 1995, 10 (2): 223-235.

[17] Therivel, Riki, AL Brown. Methods of strategic environmental assessment[A]// Judith Petts. The Handbook of Environmental Impact Assessment, 1999, 1.

[18] Therivel, Riki, Phillip Minas. Ensuring effective sustainability appraisal[J]. Impact Assessment and Project Appraisal, 2002, 20 (2): 81-91.

[19] Therivel R, M R Partidario. The Practice of Strategic Environmental Assessment[M]. London: Earthscan Publications Ltd., 1996.

[20] Therivel R, Wilson E, Thompson S, et al. Strategic Environmental Assessment[M]. London: Earthscan Publications Ltd., 1992.

[21] Fischer T B, Xu H. Differences in perceptions of effective strategic environmental assessment application in the UK and China[J]. Journal of Environmental Assessment Policy and Management, 2009, 11 (4): 471-485.

[22] Thissen W. Criteria for evaluation of SEA[A]//Partidario MP, Clark R. Perspectives on strategic environmental assessment[M]. London: Lewis Publishers, 2000.

[23] Fischer T B. Sustainability aspects in transport infrastructure related PPPs[J]. Journal of Environmental Planning and Management, 1999, 42 (2): 189-219.

[24] Lawrence D. Quality and effectiveness of environmental impact assessments: lessons and insights from ten assessments in Canada[J]. Project Appraisal, 1997, 12 (4): 219-232.

[25] Gibson R B, Walker A. Assessing trade: an evaluation of the Commission for Environmental Cooperation's analytical framework for assessing the environmental effects of the North American Free Trade Agreement[J]. EIA Review, 2001, 21 (1): 449-468.

[26] Noble BF. Promise and dismay：The state of strategic environmental assessment systems and practices in Canada[J]. Environmental Impact Assessment Review，2009，29：66-75.

[27] IAIA Strategic Environmental Assessment Performance Criteria. IAIA Special Publication Series No. 1，International Association for Impact Assessment，2002.

[28] Commission of The European Communities：the application and effectiveness of the Directive on Strategic Environmental Assessment （Directive 2001/42/EC）. 2009.

[29] Ortolano L B. How Institutional Arrangements Influences EIA Effectiveness. International workshop on Environmental impact Assessment in China. Qingdao：China，1995：33-45.

[30] 李天威，于连生. EIA 有效性及其行为要素初探[J]. 环境科学，1996，17：11-17.

[31] 于连生. 环境价值核算对环境影响评价有效性的影响[J]. 环境科学，1997，18（2）：70-73.

[32] 林逢春，陆雍森. 中国 EIA 体系评估研究[J]. 环境科学研究，1999，12（2）：8-11.

[33] 乔致奇. 环境影响评价能力建设和政策[R]. 中国环境影响评价国际研讨会. 青岛，1995.

[34] 张勇，杨凯，王云. 环境影响评价有效性的评估研究[J]. 中国环境科学，2002，22（4）：324-328.

[35] 林健枝. 香港环境影响评价的评议和资讯工作[R]. 京港环境学术交流研讨会会议论文集，北京，1999.

[36] 刘兰岚，杨凯，徐启新. 规划环境影响评价有效性研究[J]. 环境保护，2006，12：63-66.

[37] 黄浩云，王艳云. 规划环境影响评价的有效性研究[J]. 农业环境科学学报，2007，26：738-740.

[38] 周丹平，孙苏，包存宽. 规划环境影响评价项目实施有效性评估[J]. 环境科学研究，2007，20（5）：66-71.

[39] 曲艳敏，徐鹤. 规划环境影响评价的有效性研究[D]. 天津：南开大学，2008.

[40] 王会芝，徐鹤. 战略环境评价有效性评价指标体系与方法探讨[J]. 环境污染与防治，2012，34（6）：97-100.

[41] Bina O. Context and systems: thinking more broadly about effectiveness in strategic environmental assessment in China[J]. Journal of Environmental Manage, 2008: 717-733.

[42] Bina O，Wu J，Brown A L，et al. An inquiry into the concept of SEA effectiveness: Towards criteria for Chinese practice[J]. Environmental Impact Assessment Review, 2011, doi: 10. 1016/j. eiar. 2011. 01. 004.

[43] 凌虹. 规划环境影响评价中公众参与有效性的探讨[J]. 江苏环境科技，2004，17（4）：32-34.

[44] Partidario M R，Fischer T B. Follow-up in current SEA understanding[A]//Morrison-Saunders M，Arts J. Assessing impact: Handbook of EIA and SEA follow-up[M]. Earthscan，London，2004.

[45] Bartlet R，Kurian P. The theory of environmental impact assessment: implicit models of policy making[J]. Policy and Politics, 1999, 24（4）：415-433.

[46] Cashmore M，Gwilliam R，Morgan, R，et al. The interminable issue of effectiveness: substantive purposes, outcomes and research challenges in the advancement of environmental impact assessment theory[J]. Impact Assessment and Project Appraisal, 2004, 22（4）：295-310.

[47] Sadler. Environmental Assessment in a Changing World: Evaluating Practice to Improve Performance[R]. International Study of the Effectiveness of Environmental Assessment，Ottawa: Minister of Supply and Services Canada，1996.

[48] Marsden S. Importance of context in measuring the effectiveness of strategic environmental assessment[J]. Impact Assessment and Project Appraisal, 1998, 16（4）：255-266.

[49] Petts J. Introduction to environmental impact assessment in practice: fulfilling potential or wasted opportunity? Handbook of Environmental Impact Assessment. Environmental Impact Assessment in Practice: impacts and limitations. Blackwell Science，Oxford，1999.

[50] Bond A，L Langstaff，R Baxter，et al. Dealing with the cultural heritage aspect

of EIA in European developments[J]. Impact Assessment and Project Appraisal, 2004, 22 (1): 37-45.

[51] Ensminger J T, R B McLean. Reasons and strategies for more effective NEPA implementation[J]. The Environmental Professional, 1993, 15: 45-56.

[52] Frost R. EIA monitoring and audit[A]//J Weston. Planning and Environmental Impact Assessment in Practice[M]. Addison Wesley Longman, Harlow, 1997: 141-164.

[53] Fischer T B. Having an impact? The influence of non-technical factors on the effectiveness of SEA in transport decision making. Expert paper prepared for the Beacon Network Building Environmental Assessment Consensus on the trans-European transport network, available at www. transportsea. net/docs/ SEAInfluencePaper3. pdf.

[54] Fischer T B, Seaton K. Strategic environmental assessment: effective planning instrument or lost concept? [J]. Planning Practice and Research, 2002, 17(1): 31-44.

[55] Theophilou V, Bond A, Cashmore M. Application of the SEA Directive to EU structural funds : Perspectives on effectiveness[J]. Environmental Impact Assessment Review, 2010, 30: 136-144.

[56] Fischer T B, Gazzola P. SEA good practice elements and performance criteria - equally valid in all countries? - The case of Italy[J]. Environmental Impact Assessment Review, 2006, 4: 396-409.

[57] Fischer T B. Theory and Practice of Strategic Environmental Assessment - towards a more systematic approach[M]. Earthscan, London, 2007.

[58] Elling B. Strategic Environmental Assessment of National Policies: the Danish experience of a full concept assessment[J]. Project Appraisal, 1997, 12: 161-172.

[59] Wood, C. Environmental Impact Assessment: A Comparative Review[M]. Prentice Hall, Harlow, 2003.

[60] Lee N, Colley R. Review of the Quality of Environmental Statements, Occasional Paper Number 24, 2nd edition, EIA Centre, University of Manchester, Manchester. 1992.

[61] Curran J, Wood C, Hilton M. Environmental Appraisal of Development Plans: current practice and future directions[J]. Environment and Planning B: Planning and Design, 1998, 25: 411-433.

[62] Bonde J, Cherp A. Quality review package for strategic environmental assessment of land-use plans[J]. Impact Assessment and Project Appraisal, 2000, 18 (2): 99-110.

[63] Fischer T B. Strategic environmental assessment performance criteria - the same requirements for every assessment? [J]. Journal of Environmental Assessment Policy and Management, 2002, 4 (1): 83-99.

[64] Fischer T B. Reviewing the quality of strategic environmental assessment reports for English spatial plan core strategies[J]. Environmental Impact Assessment Review, 2010, 30: 62-69.

[65] Noble B F. Promise and dismay: the state of strategic environmental assessment systems and practices in Canada[J]. Environmental Impact Assessment Review, 2009, 29: 66-75.

[66] Noble B. Strategic Environmental Assessment: What is it? and what makes it strategic? [J]. Journal of Environmental Assessment Policy and Management, 2000, 2 (2): 203-224.

[67] Runhaar H, Driessen P. What makes strategic environmental assessment successful environmental assessment? The role of context in the contribution of SEA to decision-making[J]. Impact Assessment and Project Appraisal, 2007, 25: 2-14.

[68] Stoeglehner G, Brown A L, Kørnøv L B. SEA and planning: "ownership" of strategic environmental assessment by the planners is the key to its effectiveness[J]. Impact Assessment Project Appraisal, 2009, 27: 111-120.

[69] Noble B. Auditing strategic environmental assessment practice in Canada[J]. Journal of Environmental Assessment Policy and Management, 2003, 5 (2): 127-147.

[70] Retief F. Quality and effectiveness of strategic environmental assessment (SEA) in South Africa, Ph. D. thesis, School of Environment and Development. University of Manchester, Manchester, 2005.

[71] Furman E，Kaljonen M. Views on planning and expectations of SEA：the case of transport planning[J]. Environmental Impact Assessment Review，2004，24（5）：519-536.

[72] Nykvist B，Nilsson M. Are impact assessment procedures actually promoting sustainable development ？ Institutional perspectives on barriers and opportunities found in the Swedish committee system[J]. Environmental Impact Assessment Review，2009，29：15-24.

[73] Sadler B. Strategic Environmental Assessment at the Policy Level：Recent Progress，current Status and Future Prospects，Ministry of the Environment，Czech Republic，Praha，2005.

[74] Retief F. Effectiveness of strategic environmental assessment（SEA）in South Africa[J]. Journal of Environmental Assessment Policy and Management，2007，9（1）：1-19.

[75] Partidario M R，Arts J. Exploring the concept of SEA follow-up[J]. Impact Assessment and Project Appraisal，2005，23（3）：246-257.

[76] Christensen P，Kornov L，Nielsen E. EIA as regulation：does it work？[J]. Journal of Environmental Planning and Management，2005，48：393-412.

[77] World Bank. Integrating environmental considerations in policy formulation—lessons from policy-based SEA experience. Environment Department，World Bank，Washington，DC，2005.

[78] Aschemann R. Lessons learned from Austrian SEAs[J]. European Environment，2004，14（3）：165-174.

[79] Fischer T B. Strategic Environmental Assessment in Transport and Land Use Planning[M]. London：Earthscan，2002.

[80] MEGJ/MIRI，Ministry of the Environment Government of Japan/ Mitsubishi Research Institute. Effective SEA System and Case Studies[M]. Tokyo：MEGJ/MRI，Inc of Japan，2003.

[81] Jones，C Fargo，Jay S，et al. Environmental impact assessment：Retrospect and prospect[J]. Environmental Impact Assessment Review，2007，27：287-300.

[82] Nilsson M，Dalkmann H. Decision making and Strategic Environmental Assessment[J]. Journal of Environmental Assessment Policy and Management，

2001，3（3）：305-327.

[83] Jay S，Jones C，Slinn P，et al. Environmental impact assessment：Retrospect and prospect[J]. Environmental Impact Assessment Review，2007，27：287-300.

[84] Jones C，Baker M，Carter J，et al. Strategic Environmental Assessment and land use planning：an international evaluation[M]. Earthscan，London，2005.

[85] Sheate W R，Dagg S，Richardson J，et al. SEA and integration of the environment into strategic decision-making[J]. Environmental Policy and Governance，2003，13（1）：1-18.

[86] Arbter K. SEA and SIA — two participative assessment tools for sustainability[C]. Proceedings of the EASY ECO 2 Conference，15-17 May，Vienna，2003：175-181.

[87] Baker D，McLelland J. Evaluating the effectiveness of British Columbia's environmental assessment process for first nations participation in mining development[J]. Environmental Impact Assessment Review，2003，23：581-603.

[88] 谢志贤. 政府绩效评估有效性问题初探——内涵、逻辑与维度[J]. 长春大学学报，2009，3：13-15.

[89] 刘琳琳. 我国企业文化建设的实效性问题研究[D]. 哈尔滨：哈尔滨工程大学，2006.

[90] 冯务中. 制度有效性理论论纲[J]. 理论与改革，2005，5：16-19.

[91] 利普赛特. 政治人：政治的社会基础[M]. 北京：商务印书馆，1993.

[92] 姜龙梅. 中小企业文化建设要注重实效性[J]. 企业活力，2006，10：58-61.

[93] 沈壮海. 思想政治教育有效性研究[M]. 武汉：武汉大学出版社，2001.

[94] 奥兰·扬. 国际制度的有效性——棘手案例与关键因素[A]//罗西瑙. 没有政府的治理[M]. 南昌：江西人民出版社，2001：186-224.

[95] 栾胜基，杨凯. EIA 有效性及其建设途径探讨[J]. 上海环境科学，1999，18（8）：346-347，351.

[96] 陆书玉，栾胜基，朱坦. 环境影响评价[M]. 北京：高等教育出版社，2001.

[97] 田良. 环境影响评价丛论[D]. 北京：北京大学，2000.

[98] Annandale D. Developing and evaluating environmental impact assessment systems for small developing countries[J]. Impact Assessment and Project Appraisal，2001，19（3）：187-193.

[99] Caratti P，Dalkmann H，Jiliberto R. Analysing Strategic Environmental Assessment：towards better decision making[M]. Edward Elgar Publishing，Cheltenham，2004.

[100] Cashmore M，Gwilliam R，Morgan R，et al. The interminable issue of effectiveness：substantive purposes，outcomes and research challenges in the advancement of environmental impact assessment theory[J]. Impact Assessment and Project Appraisal，2004，22（4）：295-310.

[101] 蒯正明. 制度系统的构成、层次架构与有效运作[J]. 南都学坛，2010，30（6）：96-98.

[102] 贺培育. 制度学：走向文明与理性的必然审视[M]. 长沙：湖南人民出版社，2004：17-22.

[103] 李志强. 制度系统论：系统科学在制度研究中的应用[J]. 中国软科学，2003（4）：149-153.

[104] 杨伟敏. 制度本体论研究[D]. 北京：中共中央党校进修班，2008.

[105] Hannigan J A. Environmental Sociology ： A Social Constructionist Perspective[M]. Routledge，London and New York，1995.

[106] 潘岳. 建设项目规划不依法环评的历史将告结束[N]. 法制日报，2005-11-08.

[107] 任景明. 开展战略环评正当其时[N]. 中国环境报，2011-10-10.

[108] 王会芝，徐鹤，吕建华. 我国战略环境评价实施现状及有效性研究[J]. 环境污染与防治，2010，32（9）：103-106.

[109] Thomas B Fischera，Vincent Onyango. Strategic environmental assessment-related research projects and journal articles：an overview of the past 20 years[J]. Impact Assessment and Project Appraisal，2012，30（4）：253-263.

[110] 朱坦，鞠美庭，徐鹤. 战略环境评价的发展以及适合中国的管理程序和技术路线探讨[J]. 环境保护，2003（5）：25-29.

[111] 王亚男，赵永革. 空间规划战略环境评价的理论、实践及影响[J]. 城市规划，2006（3）：20-25.

[112] 田丽丽，徐鹤，朱坦. 城市国民经济和社会发展规划战略环境评价研究[J]. 生态经济，2007（7）：33-36.

[113] 徐鹤，白宏涛. 中国交通规划战略环境评价的若干问题探讨[J]. 环境污染与

防治，2010（2）：95-97.

[114] 白宏涛，王会芝，游添茸，等. 以战略环境评价推进我国的低碳发展战略[J]. 生态经济，2012（6）：24-27.

[115] 白宏涛，刘佳，徐鹤，等. 我国战略环境评价中低碳评价指标体系拓展探讨[J]. 环境污染与防治，2012，34（2）：92-96.

[116] 李建忠，马蔚纯. 实施战略环境评价（SEA）的基本框架设计及 SEA 管理模式的实现[J]. 环境科学学报，2003，23（6）：770-775.

[117] 徐东. 关于中国现行规划体系的思考[J]. 经济问题探索，2008（10）：181-185.

[118] 全国人大常委会执法检查组关于检查《中华人民共和国环境影响评价法》实施情况的报告[R]. 2010.

[119] 王会芝. 我国战略环境影响评价的实施效果研究[D]. 天津：南开大学，2010.

[120] Partidario. Strategie Environmental Assessment：Key Issues Emerging from Recent Practices[J]. Environmental Impact Assessment Review，1996（16）：31-35.

[121] Runhaar H，Driessen P. What makes strategic environmental assessment successful environmental assessment？The role of context in the contribution of SEA to decision-making[J]. Impact Assessment and Project Appraisal，2007，25：2-14.

[122] 李天威，于连生，刘伟生. 环境影响评价有效性及其影响行为要素初探[J]. 环境科学，1996，7：11-17.

[123] 毛渭锋，李巍. 环境影响评价有效性评估理论研究[J]. 云南环境科学，2004，23（4）：30-33.

[124] Hopwood A G. An empirical study of the role of accounting data in performance evaluation[J]. Journal of Accounting Research（SPPPI），1972：156-182.

[125] Sadler B. On evaluating the success of EIA and SEA[A]//Morrison-Saunders M，Arts J. Assessing impact：Handbook of EIA and SEA follow-up[M]. Earthscan，London，2004：248-285.

[126] Lawrence D. Quality and effectiveness of environmental impact assessments：lessons and insights from ten assessments in Canada[J]. Project Appraisal，1997，12（4）：219-232.

[127] Thissen W. Criteria for the evaluation of SEA[A]//Partidario M R，Clark R. Perspectives on SEA[M]. CRC Press，Boca Raton，Florida，2000.

[128] 李传军. 管理主义的终结——服务型政府兴起的历史与逻辑[M]. 北京：中国人民大学出版社，2007.

[129] 朱火弟，蒲勇健. 政府绩效评估研究[J]. 改革，2003，6（6）：31-34.

[130] 毛渭锋，李巍. 环境影响评价有效性评估理论研究[J]. 云南环境科学，2004，23（4）：30-33.

[131] 张跃. 模糊数学方法及其应用[M]. 北京：煤炭工业出版社，1996.

[132] 王彩华，宋连天. 模糊论方法学[M]. 北京：中国建筑工业出版社，1998.

[133] 韩立岩，汪培庄. 应用模糊数学[M]. 北京：首都经济贸易大学出版社，1998.

[134] 杨伦标，高英仪. 模糊数学原理及应用[M]. 广州：华南理工大学出版社，1993.

附录 1
战略环境评价在我国的实施有效性

＊＊＊＊＊＊＊问卷调查＊＊＊＊＊＊＊

　　为更好地了解我国战略环境评价（SEA）的有效性，特制定本问卷，尽请您填写，感谢支持！此问卷仅用于教育研究，不作其他用途，同时承诺对您的个人信息保密。谢谢！

姓名（自愿）：
单位□中央/地方政府机构□环境评价/咨询机构□大专院校□环境研究机构□其他
从事环评工作年限□1 年以下□1～3 年□3～5 年□5～10 年□10 年以上

1. 您认为 SEA 的有效性主要表现在	非常重要	重要	较为重要	不重要	非常不重要
SEA 法律、法规、导则等的完备性					
SEA 报告书编制质量					
SEA 过程和结论是否影响规划的编制					
SEA 减缓环境影响，实现可持续发展					
2. 我国 SEA 的有效情况	是	一定程度上是	很小的程度上是	否	不清楚
SEA 是否有完善的法律规章					
SEA 是否使规划更具科学性和可持续性					
规划是否采纳 SEA 的建议					
SEA 的开展是否有利于保护环境，减缓影响					
SEA 是否使部门间的联系合作增加					
SEA 是否增加了规划的透明度					
SEA 是否增加了政府和规划人员的环保意识					
SEA 报告书质量是否达到要求					
SEA 数据信息的获取是否容易					
SEA 应用的方法是否可行性有效					
SEA 是否需要改进新的评估方法					

SEA 是否考虑了累积影响					
公众参与是否达到效果					
SEA 是否开展跟踪监测					
总体上，您认为我国 SEA 是否有效					
3. 影响 SEA 有效性因素的重要性	非常重要	重要	较为重要	不重要	非常不重要
方法与技术手段					
数据可获得性及质量					
部门间的合作交流					
公众参与					
SEA 机构人员业务水平					
决策（规划）部门对 SEA 的重视程度					
SEA 政策法律法规的完备性					
SEA 管理程序的实用性合理性					

问题	影响我国 SEA 有效性因素	非常同意	同意	较为同意	不同意	非常不同意
技术方法	技术方法研究不足					
	技术方法的掌握程度有限					
	缺乏可操作的实用的技术方法					
信息数据	部门间缺乏信息共享					
	部门之间的数据不一致					
	数据质量差					
	数据保密、信息不能公开					
公众参与	公众对规划不了解，缺乏主动性					
	缺乏公众参与保障措施（法律法规、资金）					
	公众缺乏环境意识					
	公众意见常被忽视					
SEA 机构	评价人员缺乏规划专业知识					
	评价机构缺乏监督管理					
	SEA 机构需要资质管理					
规划决策过程	自上而下决策（规划）方法					
	决策者对 SEA 的采纳程度					
	部门间利益冲突，缺乏协调					
	缺乏系统的决策制定程序与框架					
	缺乏透明度					

问题	影响我国 SEA 有效性因素	非常同意	同意	较为同意	不同意	非常不同意
立法制度背景	缺乏监管与惩治的有效立法规定					
	《环评法》缺乏清晰的义务与责任					
	缺乏政治意愿，经济发展为先					
	地方政府执行政策的能力不强					
管理程序	SEA 缺乏合理实用的管理程序					

附录 2

SEA 在我国的实施现状及实施有效性

************问卷调查*************

研究背景和调查目的

战略环境评价（SEA）是将可持续发展战略落实到实际、具体方案的工具和必要手段，是环境与发展综合决策的制度化保障。目前我国的战略环境评价研究和实践仍处于初始阶段，仍然面临诸多问题与挑战，战略环境评价实施的有效性备受关注。因此，特制订本问卷，恳请您填写，感谢支持！

此问卷仅用于教育研究，不作其他用途，同时承诺对您的个人信息保密。在此，我们十分感谢您的支持与合作，谢谢！

问卷内容

问卷填写人情况				
姓名：		所在省/城市：		
职业（单位）				
□中央/ 地方政府机构	□环境评价、咨询机构		□大专院校	
□环境研究机构	□其他，请注明：			
从事环评工作年限		工作单位		
联系方式：	电话：		电邮：	
1 SEA 现状概况				
1.1 请问您在 2003 年 9 月修订的《环评法》实施之前有过 SEA 评价的经历吗？			□有□没有	
1.2 请问您参加过或正在参加编写或审查下列哪类规划的 SEA？（此项为多项选择）				
A1. 土地利用规划	A2. 区域建设开发利用规划		A3. 流域建设开发利用规划	A4. 海域建设开发利用规划
B1. 工业	B2. 农业	B3. 畜牧业	B4. 林业	B5. 能源
B6. 水利	B7. 交通	B8. 城市建设	B9. 旅游	B10. 自然资源开发
1.3 请问您认为目前 SEA 的理论研究如何？			□很好□一般□不好	
1.4 请问您认为《规划环境影响评价技术导则》推荐的方法的可操作性如何？			□很好□一般□不好	

2 SEA 程序及技术方法					
2.1 针对您近期所做的 SEA，请将各阶段采用的主要方法的序号填入表格内（此项为多项选择）					
A 核查表法	B 矩阵法	C 叠图法	D 网络法	E 系统流图法	F 层次分析法
G 情景分析法	H 投入产出分析	I 环境数学分析	J 加权比较法	K 对比评价法	L 环境承载力分析
M　GIS 空间分析法			N 其他		
环境影响识别					
环境影响预测					
环境影响评价					

2.2 替代方案	
2.2.1 在您的或者您审查的环评报告中，是否考虑了替代方案？	□是□否
2.2.2 是否考虑了零替代方案（无行动方案）？	□是□否
2.3 减缓措施	
在您参与或审查的环评报告中，您认为提出的减缓措施是否有效？	□是□否
2.4 公众参与	
2.4.1 您认为公众参与是否有效？	□是□否
2.4.2 请问您参与的 SEA 中，公众参与的主要方式是	□会议式□问卷调查 □媒体报道□其他
2.4.3 在您参与或了解的 SEA 过程中，公众参与的主体有哪些？ □相关领域的专家□受影响的公众□NGOs 等□相关政府部门□其他，请说明：	
2.4.4 您认为公开的信息是否清楚并且易懂？	□是□否
2.5 请问您参与或审查的 SEA 报告一般是由哪个部门牵头审查？（此项为单项） □环保主管部门□规划编制部门□规划审批部门□政府部门□其他，请说明：	

3 SEA 的有效性	
3.1 总体上，您认为参加或您审查的 SEA 系统的有效程度如何？	□非常有效□在某种程度上有效 □只在很小的程度上有效□无效
3.2 请问您参与的 SEA，环评介入的时机主要在哪个阶段？	□规划编制之初□规划编制过程中 □规划初步完成□规划上报审批之前
3.3 请问规划编制机关对 SEA 结论的采纳情况如何？	□基本采纳□部分采纳□极少采纳

4 在我国有效实施 SEA 面临的主要问题
4.1 可能存在的问题及障碍，请对下述 SEA 所面临的问题可能产生的原因，给出您的看法。

问题类型	导致问题的可能原因	非常不同意	不同意	稍微不同意	稍微同意	同意	非常同意
方法与技术手段	A.评价过程及程序灵活						
	B.评价过程程序僵化						
	C.缺乏有效监管						
	D.没有早期介入决策过程						
	E.缺乏评估经验和方法						
	F.较少考虑替代方案						
	G.缺乏应对不确定性机制						
信息共享以及数据问题	A.部门之间缺乏信息共享						
	B.部门之间的数据不一致						
	C.数据质量差						
	D.缺乏好的实践案例作为参考						
	E.决策初期阶段的保密性,信息不能公开						
公众参与	A.公众参与缺乏主动						
	B.缺乏公众参与法律体系						
	C.参与对象选取不合理						
	D.公众缺乏环境意识						
	E.公众对规划了解程度						
	F.公众与规划的利益关系及公众参与的积极性						
	G.公众意见的效力有限						
SEA参与人员及机构	A.SEA 缺乏经验丰富的技术人员						
	B.SEA 机构权力不够						
	C.其他部门权力过大,削弱了 SEA 对决策的影响						
决策过程	A.自上而下的管理特权						
	B.部门间有限的协调性						
	C.缺乏系统的决策制定程序与框架						
	D.缺乏透明度						
立法、政治与制度背景	A.缺乏监管与惩治立法						
	B.缺乏清晰的任务与责任						
	C.缺乏法律法规支持						
	D.缺乏政治意愿						

	E.缺乏财政支持					
	F.政府执行能力不强					
	G.上级对下级的调控力有限					
国际经验与方法	A.资料难以获得					
	B.国际侧重理论研究，操作力不强					
	C.制度差异					
	D.语言及文化差异					

4.2　影响我国 SEA 实施有效性的关键问题

分别在对应的表格内打勾表示下述各类问题的解决对改善我国 SEA 实施现状的重要性。

	很不重要	不重要	不太重要	有点重要	重要	很重要
方法与技术手段						
信息共享以及数据问题						
公众参与						
战略环评参与人员及机构						
决策过程						
立法、政治与制度背景						
国际经验与方法						

谢谢您的支持与合作。

南开大学战略环境评价研究中心